玩转桌面级3D打印机

——DIY组装及打印实训教程

潘俊巧◎主　编

方志英　施建定　姜宏峰◎副主编

WANZHUAN ZHUOMIANJI 3D DAYINJI
——DIY ZUZHUANG JI DAYIN SHIXUN JIAOCHENG

人民交通出版社股份有限公司

北　京

内 容 提 要

本书为教育部新增专业增材制造技术应用（3D 打印）参考用书。本书针对学校实训应用最为广泛的 FDM 桌面级 3D 打印机，重点介绍了 3D 打印技术原理、熔融沉积 3D 打印原理、开源 3D 打印机发展、FDM 桌面级 3D 打印机装调及 3D 打印技术应用等内容。

本书可作为中职学校增材制造技术应用专业的实训教材，也可作为中小学创新教育、创客培养、STEM 课程教学的参考用书。

图书在版编目（CIP）数据

玩转桌面级 3D 打印机：DIY 组装及打印实训教程 / 潘俊巧主编 . —北京：人民交通出版社股份有限公司，2020.10

ISBN 978-7-114-16740-9

Ⅰ . ①玩…　Ⅱ . ①潘…　Ⅲ . ①立体印刷—印刷术—职业高中—教材　Ⅳ . ① TS853

中国版本图书馆 CIP 数据核字（2020）第 134597 号

书　　名：玩转桌面级 3D 打印机——DIY 组装及打印实训教程
著 作 者：潘俊巧
责任编辑：郭　跃
责任校对：赵媛媛
责任印制：刘高彤
出版发行：人民交通出版社股份有限公司
地　　址：（100011）北京市朝阳区安定门外外馆斜街 3 号
网　　址：http://www.ccpcl.com.cn
销售电话：（010）59757973
总 经 销：人民交通出版社股份有限公司发行部
经　　销：各地新华书店
印　　刷：北京交通印务有限公司
开　　本：787 × 1092　1/16
印　　张：11.5
字　　数：215 千
版　　次：2020 年 10 月　第 1 版
印　　次：2020 年 10 月　第 1 次印刷
书　　号：ISBN 978-7-114-16740-9
定　　价：50.00 元

（有印刷、装订质量问题的图书由本公司负责调换）

前　言

3D 打印思想起源于 19 世纪末的美国，在 20 世纪 80 年代得以发展和推广，那时称之为“增材制造技术”。进入 21 世纪以来，3D 打印技术逐渐走向成熟，初步形成产业并显示出巨大的发展潜力。2007 年，随着 3D 打印开源项目（RepRap）的出现，众多创客参与到 3D 打印技术的研发和推广中，曾经昂贵的设备变得更加亲民，越来越多的桌面级 3D 打印机也走进了课堂，成为创客教育的得力助手。2019 年，教育部的《中等职业学校专业目录》新增了增材制造技术应用专业，标志着 3D 打印技术将迎来新的发展浪潮。

本书着重强调学生动手能力及创新精神的培养。开篇引入 3D 打印基本理论，图文并茂、通俗易懂。第二篇以实践为主，学生自主装调一台桌面级熔融沉积 3D 打印机。第三篇以应用为主，以自主装调的 3D 打印机为设备平台，学习打印机操作，最后能独立完成模型的创新设计、切片及打印。

本书可作为中职学校增材制造技术应用专业的实训教材，也可作为 STEM 课程、创客空间的参考教材。第二篇装调打印机所涉及的零配件均提供照片及型号，可以通过机加工获得的零件提供详细的加工图纸，有机械专业的中职学校可以把打印机零件作为实训课题让学生自行加工，真正做到学以致用。

本书由宁波市鄞州职业高级中学教师合作编写。具体分工为：潘俊巧负责第二篇、第三篇第一章、第四章、第五章的编写；方志英负责全书统稿；施建定负责全书图纸绘制；姜宏峰负责第一篇的编写；曲晓文负责第三篇第二章的编写；周鲁江负责第三篇第三章的编写。

由于编者水平有限，书中难免有错误之处，敬请各位读者不吝指正。

编者

2020 年 6 月

目　　录

第一篇　理　论　篇

第二篇　装　调　篇

第三篇　应　用　篇

第一篇
理论篇

第一章 认识 3D 打印技术

由成龙主演的电影《十二生肖》曾红极一时，片中除了炫酷的特技动作外，还有神乎其神的黑科技。成龙扮演的杰克为获取真实的兽首资料，利用记者身份接近仿真模型，使用特殊功能的手套获取模型三维信息，最后利用高科技设备在很短的时间内就打印出外形完全一样的高仿制品，这其中具有特殊扫描功能的手套就是 3D 扫描，而用来打印高仿制品的机器就是 3D 打印机。

第一节　3D 打印的概念

在石器时代，人们通过敲击或打磨石头制作工具。工业革命后，人们使用车、铣、刨、磨等设备对材料进行切削加工，制作各种零件。这种在制造过程中材料逐渐减少的加工方法叫作减材制造。等材制造在加工行业也被广泛应用，材料在加工过程中形状发生了变化但质量不变，如铸造、注塑成型等。20 世纪 80 年代中期发明的增材制造技术，经过多年的技术革新，有了我们现在通俗的名称“3D 打印”。

一、什么叫 3D 打印

3D 打印属于快速成型技术的一种，也被叫作增材制造。它融合了计算机辅助设计、材料加工与成型技术，是以数字模型文件为基础，通过软件与数控系统将专用的金属材料、非金属材料以及医用生物材料等，按照挤压、烧结、熔融、光固化、喷射等方式逐层堆积，制造出实体物品的制造技术，如房屋的整体打印（图 1-1-1）。

图 1-1-1　房屋打印

从技术上说，3D 打印原理和普通打印有点相似，普通打印是将油墨等材料喷涂在平面上，一般厚度只有几个微米（图 1-1-2）。而 3D 打印就是印刷很多次，一层又一层多层打印，用的材料不是墨，而是塑料、树脂、石膏甚至金属等材料，通过层层打印累积叠加，形成了立体的模型（图 1-1-3）。

图 1-1-2　普通打印

图 1-1-3　3D 打印

二、3D 打印的优势

与传统制造技术（等材制造和减材制造）相比（图 1-1-4），3D 打印技术具有自身优势，与传统原材料切削加工模式不同，它是一种“自下而上”材料累加的制造方法。它不需要传统的刀具、夹具及多道加工工序，在一台设备上可快速而精密地制造出任意复杂形状的零件，从而实现“自由制造”，解决了许多过去难以制造的复杂结构零件的成型问题，并大大减少了加工工序，缩短了加工周期，而且越是复杂结构的产品，对提高其制造速度的作用越显著。

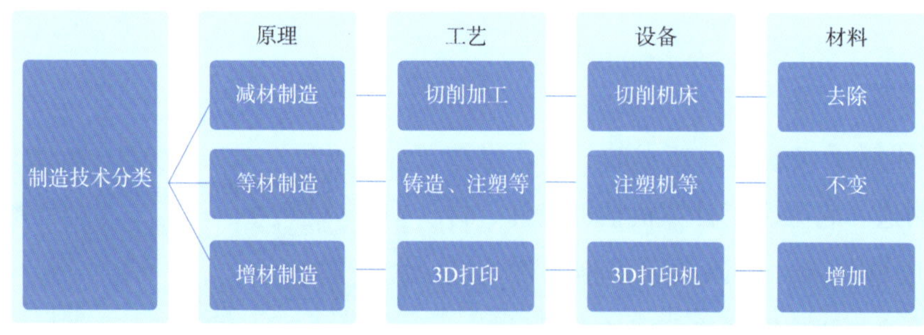

图 1-1-4　制造技术分类

从另外一个角度讲，3D 打印技术不像传统减材制造那样浪费材料。例如，加工一个螺栓，减材加工的方式材料的浪费为 15%~20%。再比如飞机的重要组成部分——钛合金大型整体构件，在对已经成型的毛坯进行切削加工过程中还需要切除掉 30% 左右的材料，要知道这可是昂贵的钛合金，而且这些切削下来的废料回收的成本也非常高，可见传统加工制造方式的不足之处。增材制造技术是材料累加的过程，几乎没有材料浪费。

第二节　3D 打印技术发展史

人们将 3D 打印技术称作“19 世纪的思想，20 世纪的技术，21 世纪的市场”，其起源可以追溯到 19 世纪末的美国，在业内的学名为“快速成型技术”，直到 20 世纪 80 年代才出现成熟的技术方案。

1984 年，美国人查尔斯·赫尔发明了世界上第一台基于光固化技术的 3D 打印机“SLA-1”（图 1-1-5）。

1986 年，赫尔成立了 3D Systems 公司，并于 1988 年推出了商用 3D 打印机 SLA-250（图 1-1-6）。

图 1-1-5　第一台 3D 打印机

图 1-1-6　赫尔和他的商用 3D 打印机

1989 年，美国德克萨斯大学奥斯汀分校的 C.R.Dechard 发明了选择性激光烧结工艺（Selective Laser Sintering，SLS），SLS 技术应用广泛并支持多种材料成型，如尼龙、蜡、陶瓷，甚至是金属。SLS 技术的发明让 3D 打印生产走向多元化。

1992 年，美国学者 Dr. Scott CrumpStratasys 成立的 Stratasys 公司推出了第一台基于 FDM（熔融沉积成型）技术的 3D 打印机——“3D 造型者（3D Modeler）”，这标志着 FDM 技术步入了商用阶段。

1993 年，美国麻省理工学院的 Emanual Sachs 教授发明了三维印刷技术（Three-Dimension Printing，3DP），3DP 技术通过黏合剂把金属、陶瓷等粉末黏合成型。

1996 年，3D Systems、Stratasys、Z Corporation 公司各自推出了新一代的快速成型设备 Actua 2100、Genisys 和 Z402，此后快速成型技术便有了更加通俗的称谓——3D 打印。

2002 年，Stratasys 公司推出 Dimension 系列桌面级 3D 打印机，Dimension 系列产品价格相对低廉，主要也是基于 FDM 技术以 ABS 塑料作为成型材料（图 1-1-7）。

2005 年，Z Corporation 公司推出世界上第一台高精度彩色 3D 打印机 Spectrum Z510（图 1-1-8），让 3D 打印走进了彩色时代。模型打印后无须上色，极大地简化了后期处理工序，让 3D 打印的经济价值得到更大的体现。图 1-1-9 为 3D 打印的运动鞋。

图 1-1-7　Dimension 系列桌面级 3D 打印机

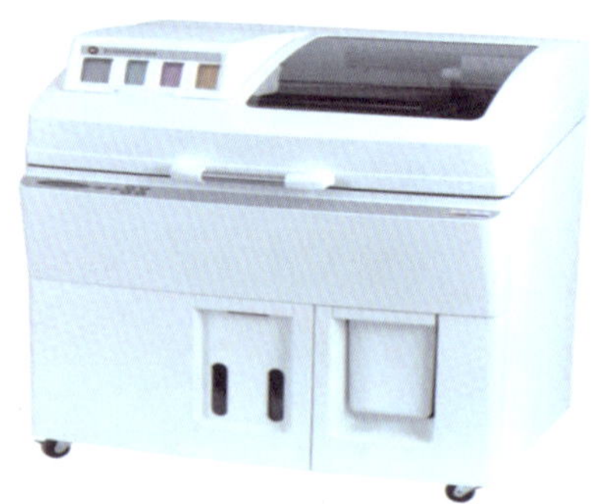

图 1-1-8　高精度彩色 3D 打印机

2007 年英国巴斯大学的机械工程高级讲师 Adrian Bowyer 博士在开源 3D 打印机项目 RepRap 中成功开发出世界上首台可自我复制的 3D 打印机，代号 Darwin（达尔文）（图 1-1-10）。由于是开源技术，很多人能够参与改进，随着此项技术的不断迭代，3D 打印机开始变得更为便宜、轻便，3D 打印机开始进入普通人的生活。

图 1-1-9　用 3D 打印技术打印的鞋子

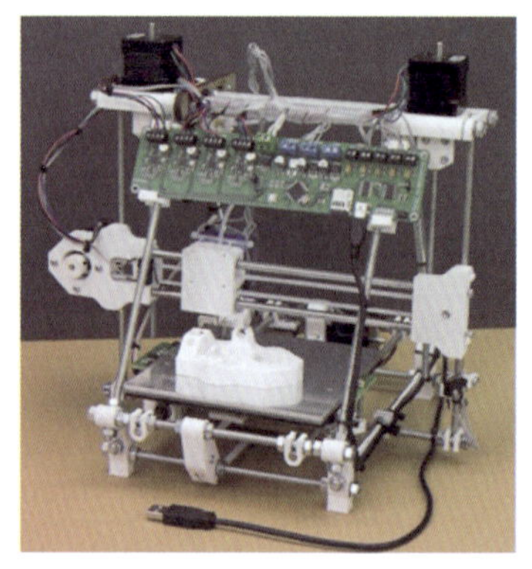

图 1-1-10　“达尔文”3D 打印机

2009 年，Bre Pettis 带领团队创立了著名的桌面级 3D 打印机公司——Makerbot，Makerbot 的设备主要基于早期的 RepRap（Replicating Rapid-prototyper，快速复制原型）开源项目，但对 RepRap 的机械结构进行了重新设计，发展至今已经历了几代的升级，在成型精度、打印尺寸等指标上都有长足的进步。图 1-1-11 为 Makerbot 公司生产的 3D 打印机。

虽然3D打印技术很早之前就已经被发明，但这个概念在最近几年才成为热门，其很大程度上归功于桌面级3D打印机的迅速流行，这有点类似于当初计算机的普及归功于微型计算机的流行一样。而作为桌面级3D打印机真正的开山祖师，RepRap绝对居功至伟。事实上，绝大多数的桌面级3D打印机（Makerbot、Ultimaker等）都是基于完全开源的RepRap才发展起来的。

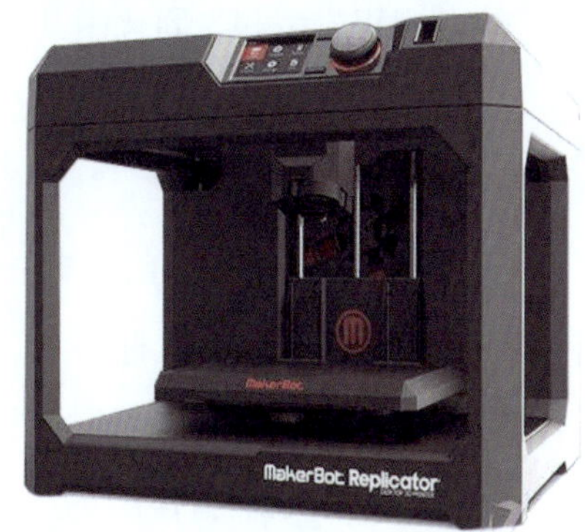

图1-1-11　Makerbot的3D打印机

Makerbot承接了RepRap项目的开源精神，其早期的产品同样以开源的方式发布，在互联网上能非常方便地找到Makerbot早期项目所有的工程材料。Makerbot也出售设备的组装套件，此后国内的厂商便以这些材料为基础也开始了仿造工作，国内的桌面级3D打印机市场也由此打开。

MakeBot系列以及RepRap开源项目的出现使得越来越多的爱好者积极参与到3D打印技术的发展和推广中。与日俱增的新技术、新创意、新应用，以及呈指数级暴增的市场份额都让人们感受到3D打印技术春天的到来。

第三节　3D打印技术分类

3D打印技术根据成型工艺的不同，可分为以下几种（表1-1-1），每种技术所用耗材不同，应用领域也有所差别。

3D打印技术分类　　表1-1-1

序号	成型工艺	英文缩写	耗材	应用领域
1	熔融沉积	FDM	高分子	工业设计、模具、医疗、模型制作等
2	连续液体界面生产技术	CLIP		使用阻热硬树脂来打印汽车外部零件，使用柔软且弹性强的生物可降解树脂来制造心脏支架等医疗器械
3	光固化	SLA		工业产品设计开发、创新创意产品生产、精密铸造用蜡模等
4	数字光处理	DLP		医疗、珠宝设计
5	选择性激光熔化	SLM	金属	复杂小型金属精密零件、金属牙冠、医用植入物等
6	选择性激光烧结	SLS		航空航天、医疗、汽车等
7	激光直接烧结	DMLS		航空航天、医疗
8	激光近净成型	LENS		飞机大型复合金属构件等
9	电子束选区熔化	EBSM		航空航天复杂金属构件、医用植入物等
10	电子束熔丝沉积	EBDM		航空航天复杂金属构件
11	三维打印	3DP	陶瓷	工业产品设计开发、铸造用砂芯、医用植入物、医疗模型等
12	细胞绘图打印	CBP	生物	组织工程

熔融沉积成型和光固化因其技术开源，设备桌面化，打印成本低廉，使用最为广泛。

一、三维打印技术

三维打印技术简称 3DP（Three Dimensional Printing），又称三维印刷技术，这种技术和平面打印非常相似，连打印头都是直接用平面打印机的。和 SLS 类似，这种技术的原材料也是粉末状的，可以使用的材料包括石膏粉末、陶瓷粉末、淀粉、热塑材料、金属粉末等。

3DP 的工作原理与传统的二维喷墨非常接近，如图 1-1-12 所示，左边为储粉缸，右边为成型缸。打印时，左边会上升一层（一般为 0.1mm），右边会下降一层，滚粉辊把粉末从储粉缸带到成型缸，铺上厚度为 0.1mm 的粉末。打印机头根据电脑数据把液体打印到粉末上。（平面打印机的 y 轴是纸在动，而 3DP 的 y 轴是打印头在动）液体要么是黏合剂要么是水（用于激活粉末中的粉状黏合剂）。

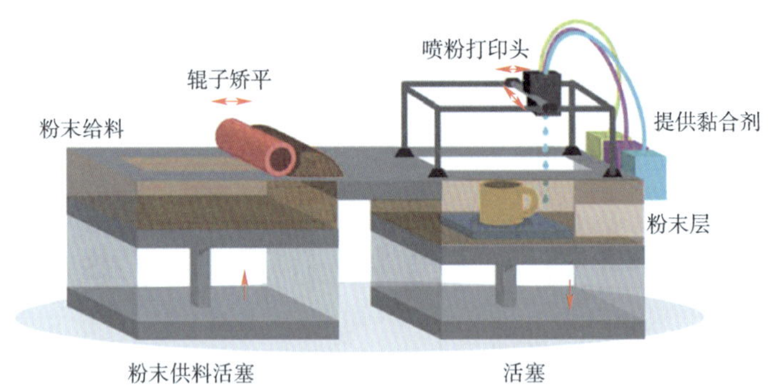

图 1-1-12　3DP 原理

3DP 的优势在于速度快、无须支撑结构，而且能够输出全彩色打印产品，这一点是其他打印技术难以实现的，所以现在不少 3D 照相馆普遍使用的都是这种技术的产品。其不足之处在于成品强度不高，表面不是非常光滑，在打印的精细度上有所不足，所以，为了使产品具有一定的强度和精度，后续还需要做一系列的工作。

二、熔融沉积成型技术

熔融沉积成型技术简称 FDM（Fused Deposition Modeling），是将丝状的热熔性材料加热熔化，同时三维喷头在计算机的控制下，根据截面轮廓信息，将材料选择性地涂敷在工作台上，快速冷却后形成一层截面。一层成型完成后，机器工作台下降一个高度（分层厚度）再成型下一层，直至形成整个实体造型（图 1-1-13）。其成型材料种类多，成型件强度高、精度较高，主要适用于小塑料件。采用 FDM 技术的 3D 打印机选用的打印材料主要有 ABS 和 PLA 两种。ABS 的强度较高，必须具有良好的通风条件，此外其热收缩性较大，容易翘曲变形，影响成品精度。PLA 是一种生物可分解塑料，无毒性，环保，制作时基本没有异味，成品的形变也较小，所以目前国内外的主流桌面级 3D 打印机主要使用 PLA 作为打印材料。而随着技术的不断进步，尼龙、PC 等材料也陆续成了打印材料。

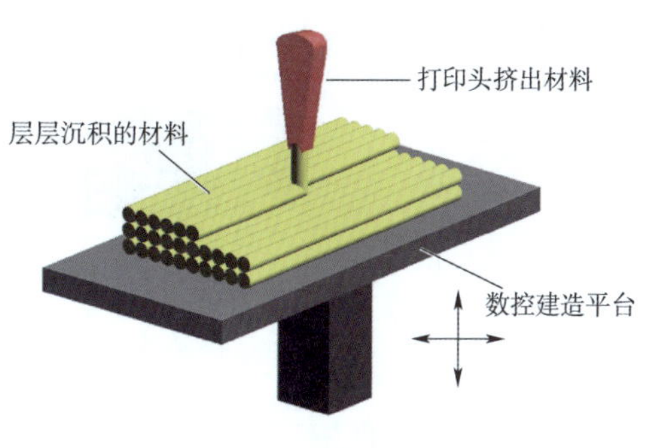

图 1-1-13　FDM 技术原理

在所有的 3D 打印技术中，FDM 的优势在于机械结构最简单，设计也最容易，制造、维护成本和材料成本也最低，因此，也是桌面级 3D 打印机中使用最多的技术。其不足之处主要是精度不够。

三、光固化技术

光固化技术简称 SLA（Stereolithography），它用激光选择性地让需要成型的液态光敏树脂发生聚合反应变硬，从而造型（图 1-1-14）。SLA 有两大类：一种是以 Objet 为代表的，从下到上打印的，该制造商的 3D 打印机提供超过 100 种的感光材料，是目前支持材料最多的 3D 打印设备；另一种是以 FormLabs 为代表的，从上往下打印的，其不少设备是面向桌面级的。

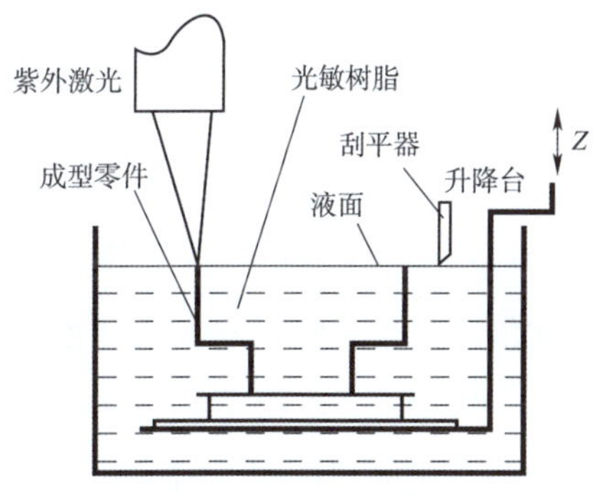

图 1-1-14　SLA 技术原理

SLA 的优势在于成型速度快，自动化程度高，可成型任意复杂的形状，尺寸精度高，主要应用于复杂、高精度的精细工件的快速成型。其不足之处在于光敏树脂材料具有一定毒性，且成品的强度还不能与真正的制成品相比，一般只能用于原型设计验证方面，也就是样品的打印。

四、选择性激光烧结技术

选择性激光烧结技术简称SLS（Selective Laser Sintering）。和SLA类似，SLS也使用激光。和 SLA 不同的是，SLS 用的不是液态的光敏树脂，而是粉末。激光的能量使粉末温度升高，和相邻的粉末发生熔融并产生烧结反应连接在一起。在打印时，它首先铺一层粉末材料，将材料预热到接近熔化点，再使用激光在该层截面上扫描，使粉末温度上升到熔化点，然后烧结形成黏结，接着不断重复铺粉、烧结的过程，直至完成整个零件的成型（图 1-1-15）。

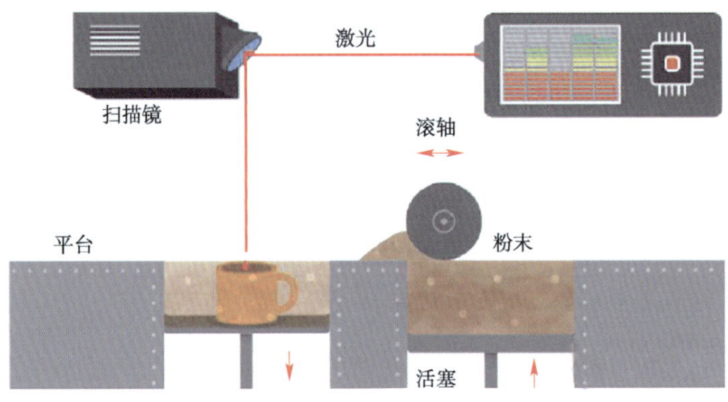

图 1-1-15　SLS 技术原理

SLS 技术与其他打印技术相比，优点也非常明显，首先是成型材料很广泛，材料的利用率也非常高，未烧结的粉末可以重复使用，另外在加工时它不需要支撑结构，成品的强度大于其他 3D 打印技术。其不足之处首先是成品表面比较粗糙，需要后期处理，其次是由于使用了大功率的激光器，比其他 3D 打印机需要更多的保护设备，整体的技术难度加大，制造和维护的成本非常高。

五、数字光处理成型技术

数字光处理成型技术简称 DLP（Digital Light Processing），DLP 技术和 SLA 立体平版印刷技术比较相似，不过它是使用高分辨率的投影仪来固化液态光聚合物，逐层进行光固化。由于每层固化时通过幻灯片似的片状固化（图 1-1-16），因此速度比同类型的 SLA 立体平版印刷技术更快。该技术成型精度高，在材料属性、细节和表面粗糙度方面可匹敌注塑成型的耐用塑料部件。

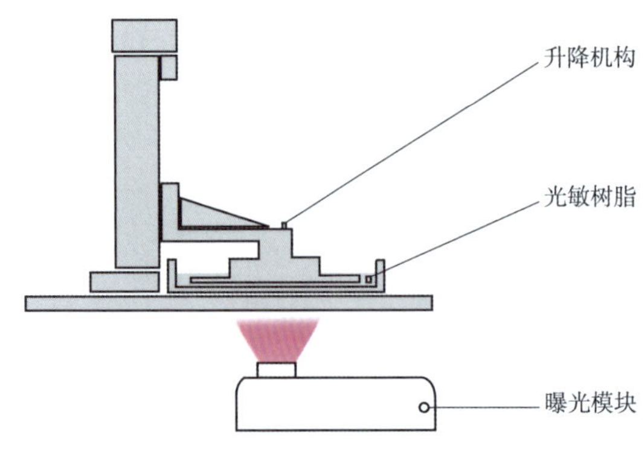

图 1-1-16　数字光处理成型技术

DLP技术作为诸多3D打印技术中的一种，具备不受复杂三维结构限制和个性化定制的优势，因而继承和拓展了3D打印技术加工、生产上的应用，能在保证高精度的同时，实现桌面级的尺寸，维护方便，性价比高，分层厚度小，制作效率高，成型精细度甚至可以超过工业端的SLA技术。

六、激光选区熔化技术

激光选区熔化技术简称SLM（Selective laser melting），是利用金属粉末在激光束的热作用下完全熔化，经冷却凝固而成型的一种技术（图1-1-17）。为了完全熔化金属粉末，要求激光能量密度超过106W/cm^2。在高激光能量密度作用下，金属粉末完全熔化，经散热冷却后可实现与固体金属冶金焊合成型。SLM技术正是通过此过程层层累积成型出三维实体的快速成型技术，也是金属3D打印技术中最重要的一部分。图1-1-18是采用SLM技术打印的零件。

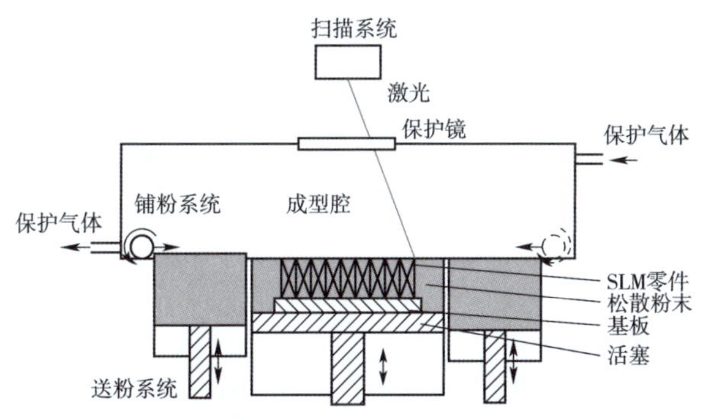

图1-1-17　SLM工作原理

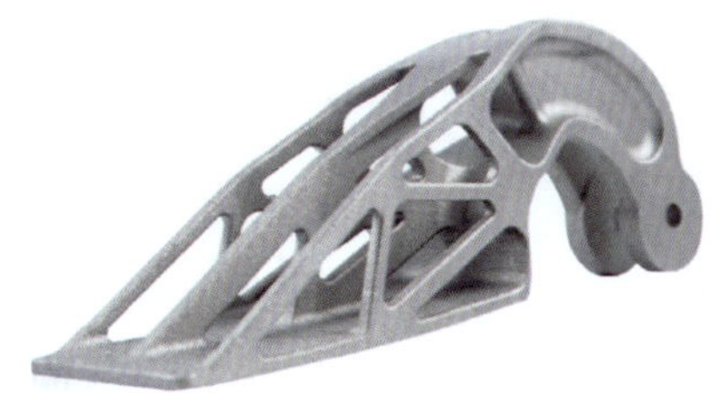

图1-1-18　采用SLM技术打印的零件

七、激光近净成型技术

激光近净成型技术简称LENS（Laser Engineered Net Shaping），该技术采用激光和粉末同时输送的工作原理，在惰性气体的保护下，以高能量的激光作为热源，按照预先设定的路径进行移动，在移动的同时，粉末喷嘴将金属粉末直接输送到激光光斑在固态基板上形成的熔池，使之按由点到线、由线到面的顺序凝固，从而完成一个层截面的打印工作（图 1-1-19）。这样层层叠加，制造出近净型的零部件实体，从而实现金属零件的直接制造或修复。

LENS 技术可以实现钛合金等高强度的金属零件的无模制造（图 1-1-20），而且精度较高，复杂零件也可以达到近净成型，内部组织细小均匀，力学性能优异，也可实现损伤零件的快速修复，特别能满足现代技术快速、柔性、多样化、个性化发展的需求，在新型汽车制造、空间、航空、新型武器装备中的高性能特种零件和民用工业中的高精尖零件的制造领域中具有极好的应用前景。但是其制件成型效率较低，堆积速率缓慢，而且整个加工过程需要惰性气体保护，使用的又是金属粉末，成本较高。

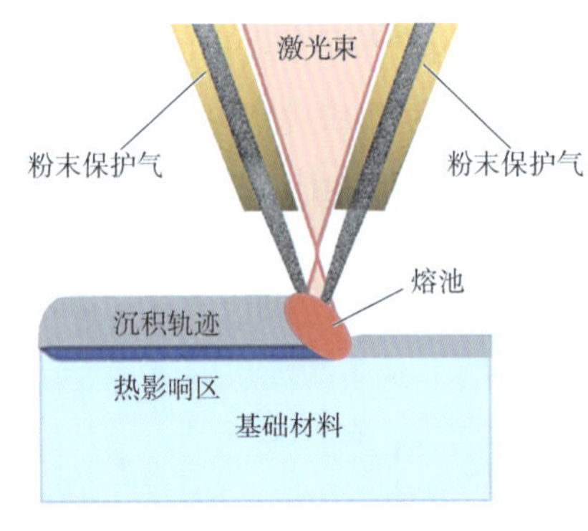

图 1-1-19 LENS 技术工作原理

图 1-1-20 采用 LENS 技术打印的航空零件

八、连续液体界面生产技术

连续液体界面生产技术简称 CLIP（ContinuousLiquid Interface Production）。以上所述主流 3D 打印技术的基本原理是层层堆积，因此，有一个先天性的缺陷，就是想要打印速度快，而打印精度较低。CLIP 技术则换了一种技术思路：使用紫外线来硬化光敏树脂，同时将制造的物体从树脂槽中拉出。连续过程始于一池液态光敏树脂。池子底部的一部分对紫外线透明（“窗户”），紫外光束照射窗户，照亮物体的精确横截面。紫外线促使光敏树脂聚合，而氧气抑制材料聚合，“窗户”控制紫外线和氧气的平衡，在此过程中物体缓慢上升到足以使树脂流入并保持与物体底部接触的高度，并在底板和固化树脂底部之间形成一层很薄的不能被固化的区域，从而加快打印进程（图 1-1-21）。与其他 3D 打印方式不同，CLIP 的生产过程是连续的，可以获得比其他打印方式高出几十甚至上百倍的打印速度。

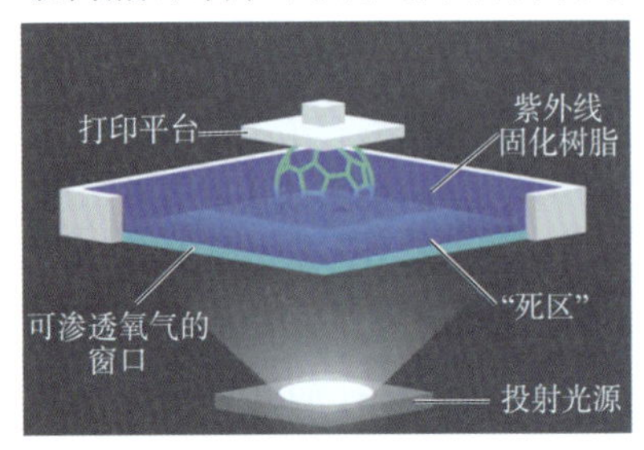

图 1-1-21 CLIP 打印原理

第四节　3D打印技术应用领域

目前，3D打印技术已在教育、设计、生物医学、建筑、汽车等领域得到了广泛应用，并且随着这一技术的快速发展，其应用领域也将不断拓展。

一、教育行业

近年来，很多学校探索教学模式的创新，把3D打印与课程体系相结合。一方面，3D打印可以提高学生的学习兴趣，便于学生理解抽象的概念；另一方面，利用3D打印机打印立体模型，可以显著提高学生的设计创造能力（图1-1-22）。目前在教学中应用最普遍的是FDM和SLA两种3D打印技术。

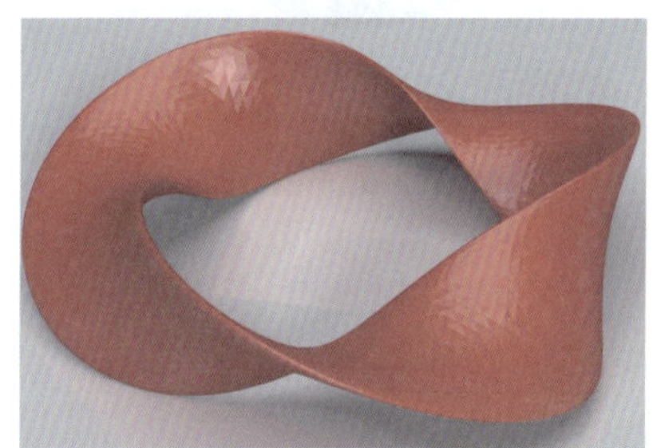

a)数学课堂(莫比乌斯曲面)

b)建模教学

c)创新教学

图1-1-22　3D打印在教育行业中的应用

二、设计领域

在设计领域，3D打印以最低的成本、最短的周期帮助设计师们完成设计。设计师只需将打印机放在桌上，就可以打印出模型，验证自己的设计（图1-1-23）。

a)服装设计　b)首饰设计　c)鞋子设计

图1-1-23　3D打印在设计领域的应用

三、生物医学

3D打印技术在生物医学领域的应用不仅包括骨骼、牙齿、人造肝脏、人造血管、药品等实体制造，也开始用于器官模型的制造与手术分析策划、个性化组织工程支架材料和假体植入物的制造，以及细胞或组织打印等方面。目前已经可以利用3D打印技术和仿生材料制备一些无细胞的修复材料，并且已经在临床上有所应用。未来，可以利用3D打印技术打印出具有生物活性的人体器官，实现人造器官的临床应用，这样一来3D打印技术必将引领医疗领域的革命潮流（图1-1-24）。

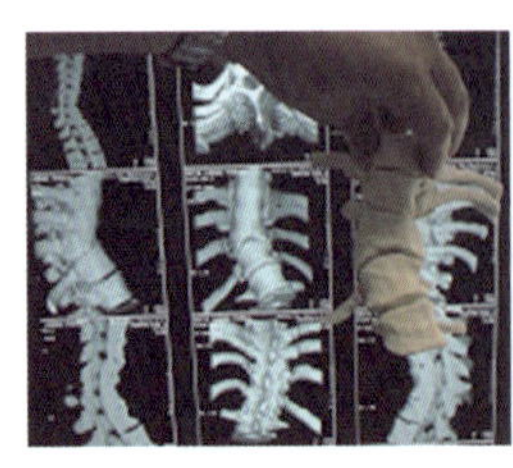

a)脊柱矫形手术论证

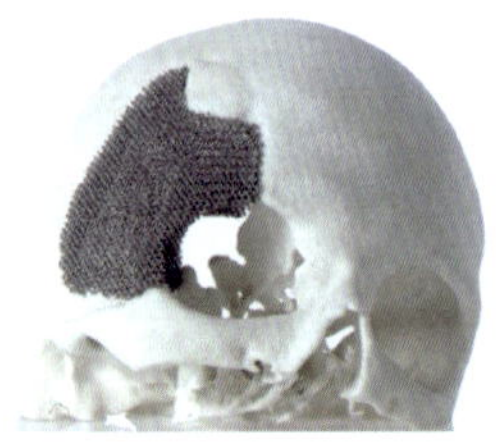

b)颅骨修复手术

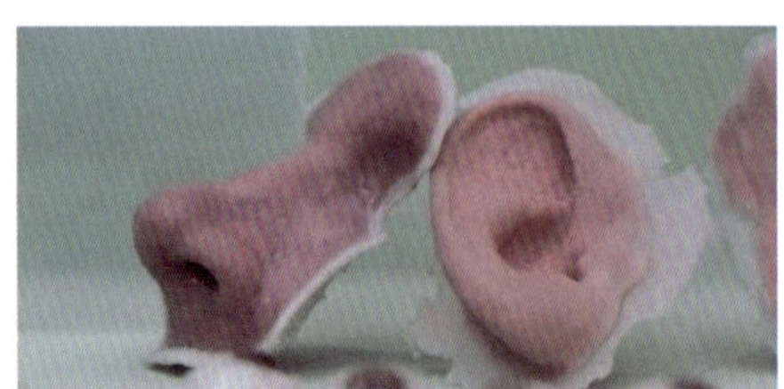

c)人体组织打印

图1-1-24　3D打印在生物医学领域的应用

四、建筑业

3D 打印建筑与传统建筑相比，其优势不仅体现为速度快——可以比传统建筑技术快数倍到数十倍，甚至以上，而且不需要使用模板，可以大幅度节约成本，并且具有低碳、绿色、环保的特点（图 1-1-25）。

a)打印过程

b)房屋

图 1-1-25 3D 打印在建筑领域的应用

上海的 3D 打印景观桥是国内第一座运用 3D 打印技术完成的高分子材料景观桥（图 1-1-26）。这座长 15.25m、宽 3.8m、高 1.2m 的 S 形曲面桥是花了 35 天用 3D 技术“一次成型”出来的。

图 1-1-26 上海景观桥

五、汽车制造业

随着 3D 打印技术的不断成熟以及材料应用科学的突破，3D 打印的塑料和金属零部件逐步应用到汽车生产中。 3D 打印在汽车领域最开始的应用主要集中在研发阶段的零件设计验证和样车制作方面（图 1-1-27）。

a)零件设计验证

b)样车制作

图 1-1-27 3D 打印在汽车制造领域的应用

双座敞篷跑车 strati（图 1-1-28）是世界上首辆由 3D 打印，真正可以上路行驶的汽车，它的最高时速可达 80km/h。现阶段，3D 打印的 strati 只能算试验品，距离量产还有一段路要走，但随着科技的发展，3D 打印汽车一定会让个性化定制成为可能。

图 1-1-28　双座敞篷跑车 strati

第二章 FDM 3D 打印技术

第一节 FDM 3D 打印原理

一、打印原理

FDM（Fused Deposition Modeling），在国内翻译为熔融沉积成型，国外也有 FFF（Fused Filament Fabrication）、FLM（Fused Layer Modeling/Manufacturing）等称呼方式。该工艺于1988 年由 Stratasys 创始人 Scott Crump 发明，是目前应用最广的 3D 打印工艺，市面上绝大部分桌面机都使用该成型原理。它是一种将热熔性的丝状材料（蜡、ABS 和尼龙等）加热熔化成型的方法，属于 3D 打印技术的一种。热熔性材料的温度始终稍高于固化温度，而成型的部分温度稍低于固化温度。材料在喷头内被加热熔化，喷头沿零件截面轮廓和填充轨迹运动，同时将熔化的材料挤出，材料迅速凝固，并与周围的材料凝结。一个层面沉积完成后，工作台按预定的增量下降一个层的厚度，再继续熔喷沉积，直至完成整个实体零件（图 1-2-1）。

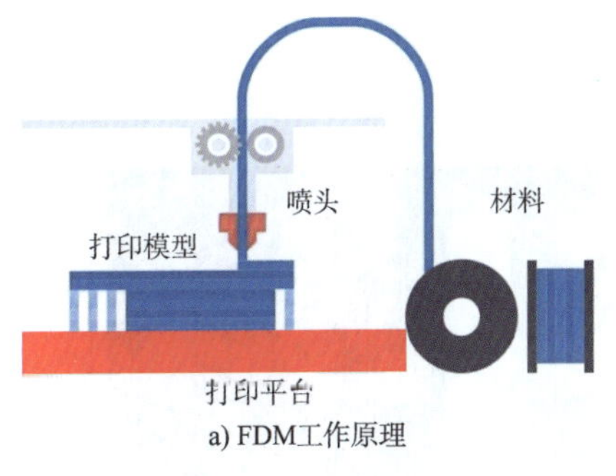

a) FDM工作原理

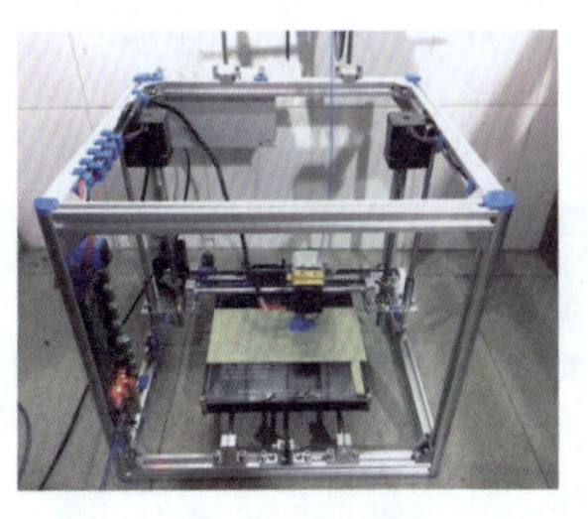
b) DIY的FDM打印机

c)用FDM技术打印的工艺品

图 1-2-1　FDM 打印

二、打印过程

FDM 的打印过程如图 1-2-2 所示，主要按建模—切片—打印—后处理这几步来完成。

a)建模

b)切片

c)打印

d)后处理

图 1-2-2　FDM 成型过程简图

1. 建模

3D 建模通俗来讲，就是通过三维制作软件在虚拟三维空间构建出具有三维数据的模型。比如，你想打印某个小动物，那么你就需要小动物的 3D 打印模型。那么，如何获得小动物的 3D 模型呢？通常可以用以下几种方法获得：

（1）利用公共资源直接下载模型。现在网上有不少关于 3D 模型的网站，从中可以下载各种各样的 3D 模型，而且基本上都是可以用来直接进行 3D 打印的。常见的收费的和免费的几个网站有：Shapeways（http：//www.shapeways.com），这个网站是全世界顶尖创客的聚集地，汇集了各种高品质的 3D 打印实物和模型数据；Thingiverse（http://www.thingiverse.com），这是一个数据分享社区，专攻 3D 打印模型，不仅打印模型非常多，而且全场免费；国内也有不少提供 3D 打印模型的网站，比如 3D 虎（http://www.3dhoo.com），访问速度普遍要比国外的网站快（图 1-2-3）。

图 1-2-3　提供 3D 打印资源的网站

（2）通过 3D 扫描仪逆向进行工程建模。3D 扫描仪逆向工程建模就是通过扫描仪对实物进行扫描，得到三维数据，然后加工修改。它能够精确描述物体三维结构的一系列坐标数据，输入 3D 软件中即可完整地还原出物体的 3D 模型。3D 扫描仪和普通照相机的区别类似于 3D 打印机和普通打印机的区别，普通照相机获得的是平面成像信息，3D 扫描仪获得的则是三维具体位置信息，并生成点云，描绘出物体的轮廓形状（图 1-2-4）。

a)手持式3D扫描仪

b)3D扫描形成的点云

图 1-2-4　3D 扫描建模

（3）用建模软件建模。目前，市场上有很多 3D 建模软件，不仅有厂商直接提供 3D 模型制作软件，也有可以在线使用的 3D 模型制作软件，比如 Autodesk 公司的 123D，其网址为 www.123dapp.com。国内也有不少比较专业的三维 CAD 模型网站，如微小网（www.vx.com）、开思网（www.icax.org）等，还有大型的 3D 制作软件，如 UG、3ds Max、SolidWorks、Rhino 等。通过以上方式可以建立有效的 3D 模型，提供 3D 打印所需的素材。

2. 切片处理

什么是切片呢？切片实际上就是把 3D 模型沿水平方向切成一片一片的，规划好每一层的打印路径（填充密度、角度、外壳等），最后将路径生成 Gcode 文件（它是一种能控制 3D 打印机运动的文件格式）。Repetier-Host 是所有 3D 打印切片中使用最为广泛的一款软件（图 1-2-5）。

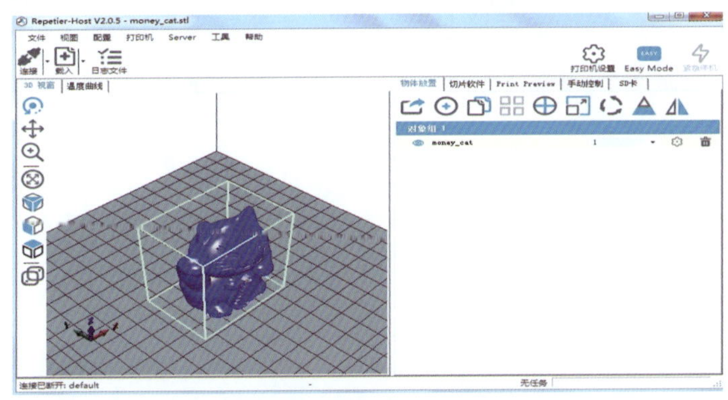

图 1-2-5　Repetier-Host 软件操作界面

3. 打印

启动 3D 打印机，通过 U 盘、SD 卡等方式将 Gcode 文件传送给 3D 打印机，同时，装入 3D 打印材料，调试打印平台，设定打印参数，然后打印机开始工作。材料会一层一层地打印出来（图 1-2-6），就像盖房子一样，砖块是一层一层的，但累积起来后，就成了一个立体的房子。3D 打印机与传统打印机最大的区别在于它使用的“墨水”是实实在在的原材料。

图 1-2-6　正在打印产品的 3D 打印机

4. 后期处理

3D 打印机完成工作后，取出物体，做后期处理。比如，在打印一些悬空结构的时候，需要有个支撑结构顶起来，然后才可以打印悬空结构上面的部分。所以，对于这部分多余的支撑需要后期去除（图 1-2-7）。

有时候 3D 打印出来的物品表面会比较粗糙，需要抛光。抛光的办法有物理抛光和化学抛光。通常使用的是砂纸打磨、珠光处理和蒸气平滑这三种技术。

另外，除了某些 3D 打印技术可以做到彩色 3D 打印之外，其他的一般只可以打印单种颜色，如采用 FDM 技术的打印材料 ABS（Acrylonitrile Butadiene Styrene）和 PLA（Poly Lactic Acid），在有需要时，就要对打印出来的工件进行上色处理（图 1-2-8）。

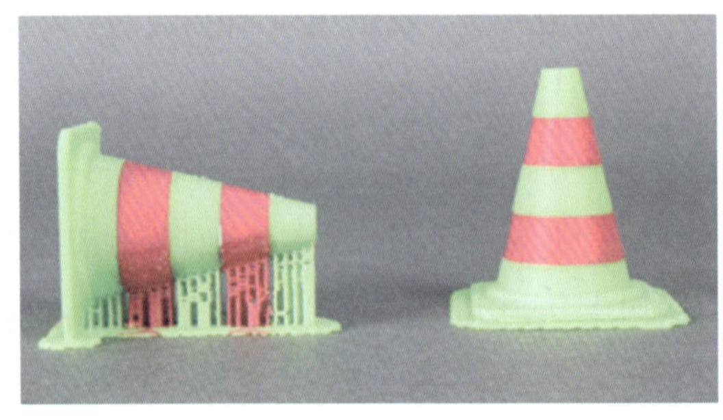

图 1-2-7　去除打印支撑的前后对比

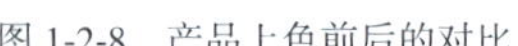

图 1-2-8　产品上色前后的对比

第二节　FDM 3D 打印设备

一、桌面机和工业机的区别

按市场应用及机型大小分类，目前常见的 3D 打印机分为工业级和桌面级两大类。这两种打印机主要有以下几个方面的差异。

1. 打印精度

由于桌面机目前只有 FDM、SLA 两种技术，从数据上看，工业机和桌面机似乎差别不大。FDM 的最小分辨率由打印挤出口的大小决定，基本为 0.3~0.6mm，层厚由 z 轴决定。由于桌面机多用步进电动机（图 1-2-9），工业 3D 打印机则采用伺服电动机（图 1-2-10），在实际打印过程中避免了失步等导致精度失真的问题。

图 1-2-9　不带编码器的步进电动机

图 1-2-10　带编码器的伺服电动机

2. 打印速度

打印速度是区分工业机和桌面机的另一个重要指标。由于桌面机在成本上的限制，多采用 16 位和 32 位芯片作为主控芯片，数据处理速度难以和 64 位的 CPU 相比，在 FDM 上由于精度的原因，差别不大，但在 SLA 技术上前者扫描速度最多为 1m/s，而后者可达 7m/s 甚至 15m/s。

3. 打印支撑的设计和去除质量

打印支撑和打印实体是否可分是区分工业机和桌面机的最重要标志，因为工业机应用于实际生产领域，对最后打印的效果有很高的可控性要求。用过桌面机的朋友都知道，无论是 FDM 还是 SLA 设备，由于支撑和实体在打印过程中是不区分的，打印结束后支撑的剥离是个非常不可控的因数，最后往往会导致剥离失败，破坏实体。而工业机就根本性地解决了这个问题，比如西通 RIVERBASE 500 通过软件算法，对实体和支撑采用不同的速率和激光能量打印，使支撑和实体固化为不同的材料，从而达到易剥离的目的。另外，西通正在研发的喷墨式工业打印机把支撑和实体设计为两种不同的树脂材料，其中支撑材料溶于特定溶液，达到去支撑无痕化的目的。

4. 打印尺寸

一般来说，支持的打印尺寸越大，打印机的价格越昂贵。现在市场上绝大部分桌面 3D 打印机都只能打比较小的东西（图 1-2-11）。例如，要打印 iPad 底面大小的物体，恐怕很多打印机就不能胜任了，但是如果只需要打印茶杯大小的物体，市面上几乎所有的 3D 打印机都能做得到。工业 3D 打印机一般打印体积都很大，以适应规模化的生产（图 1-2-12）。但是相应地，大的体积导致系统复杂性成倍提高，材料成本增加，测试、安装、运输、维护费用高昂；尤其是在保持可靠性的前提下，基本上每个零部件的指标都更加苛刻，才能保证整机的打印精度和稳定性。这些因素都会成倍地提高打印机造价。

图 1-2-11 桌面级 3D 打印机打印实物

图 1-2-12 工业级 3D 打印机打印实物

5. 打印可靠性

打印可靠性，通俗地讲，就是打印成功率。打印成功率才是真正考验设计团队功力的指标，也是区分桌面和工业级别 3D 打印机的重要指标，毕竟工业级打印机是用来量产的。打印过程通常很漫长，一般至少要几个小时，而只要有一个细节没有处理好，打印就算失败了。这个时候，其他细节打印精度再高也没用，毕竟整个材料都浪费了。现在即使号称业界最稳定的桌面 3D 打印机，打印成功率也只有 70% 多一些。这也意味着打印一百次，由于种种原因，至少有 30 次使用的材料是废掉的。而这些材料用户都是无法回收的，只能扔掉。而工业机的打印成功率几乎能做到 100%，大大提高了生产效率，降低了包括人力、时间等在内的综合成本。

6. 打印过程的自检测功能

基于成本及体积原因，桌面机几乎对打印过程没有自动校正和检测功能，而此项设计是工业机的标配。

7. 应用领域

工业机广泛地运用于航空、航天、汽车制造、医疗、模具、珠宝制作等行业，购买者大多为大型企业，以及制造分包商；而桌面机市场更多地集中在教育、创客和简单模型制作上，客户主要是大中小学及个人。

8. 价格

工业机是 3D 打印行业真正的“白富美”，技术含量高，目前还属于卖方市场，国内提供商除珠海西通、深圳极光尔沃外，还有西安恒通。桌面机在国内经过多年的竞争，市场已陷入饱和，销售主要依靠网上零售市场。

二、3D 打印机的组成

3D 打印机是机电一体化产品，主要由机械部分、电子部分和软件部分三部分组成，如图 1-2-13 所示。

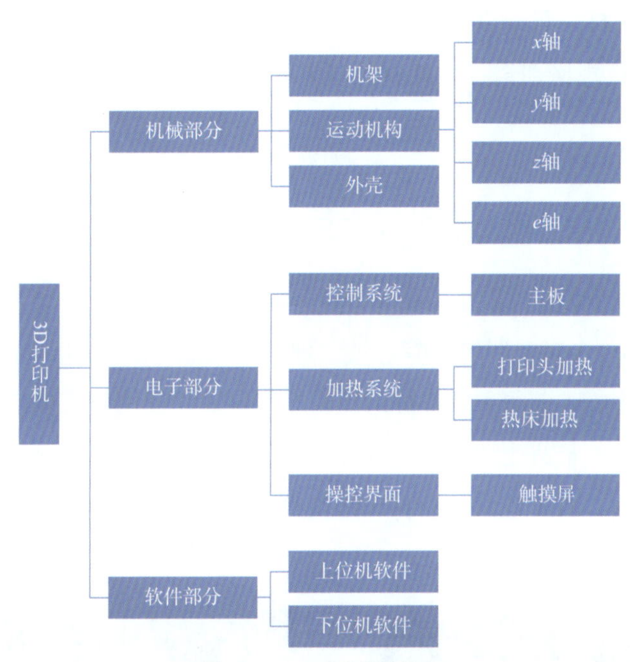

图 1-2-13　3D 打印机的组成

1. 机械部分

机械部分是 3D 打印机的执行机构，由机架、运动机构和外壳组成。机架是打印机的基础框架，所有运动机构和控制电路都安装于机架上。运动机构主要指打印机的各移动轴，在 Makerbot 机型中，x 轴和 y 轴执行打印头的水平移动，z 轴执行打印平台的上下移动，e 轴负责耗材的挤出。外壳在保证美观的同时，进一步加强了打印机整体的刚性。

2. 电子部分

电子部分是硬件和软件之间的桥梁，控制系统根据切片软件生成的打印指令控制打印机工作，主要包括各轴的运动、打印头和热床的温度控制、触摸屏的信息处理等。

3. 软件部分

软件包括上位机软件和下位机软件。上位机软件主要负责模型切片的制作、Gcode 文件的生成，一般常用的有ReplicatorG，Repetier Host和Cura等。如果不是脱机打印，上位机软件还可通过电脑串口与电脑建立连接，并控制打印机。下位机软件烧录在打印机控制主板内，它接受上位机的命令并进行运算，从而控制打印机完成打印命令。

第三节 FDM 3D打印常用耗材

FDM 3D打印耗材一般都以线盘形式供料（图1-2-14），耗材直径有3mm和1.75mm两种，可根据打印机规格来选择。耗材外观基本相似，但不同类型的耗材应用场合完全不同。

一、工程塑料PLA、ABS、PETG

1. PLA

PLA（Poly Lactic Acid）即聚乳酸，是一种新型的可再生生物降解材料，使用可再生的植物资源（如玉米、木薯等）所提炼的淀粉原料制成，使用后能被自然界中的微生物在特定条件下完全降解，最终生成二氧化碳和水，不污染环境，这对保护环境非常有利，是公认的环境友好材料。PLA耗材适合打印结构强度要求不高，颜色绚丽，以观赏为主的模型（图1-2-15）。

图1-2-14 以线盘形式供料的耗材

图1-2-15 PLA打印的模型

2. ABS

ABS（Acrylonitrile Butadiene Styrene）是丙烯腈—丁二烯—苯乙烯共聚物，因具有良好的热熔性、冲击强度，成为FDM 3D打印的首选工程塑料。ABS耗材适合打印机械结构类模型，如机械手、发动机模型等（图1-2-16）。

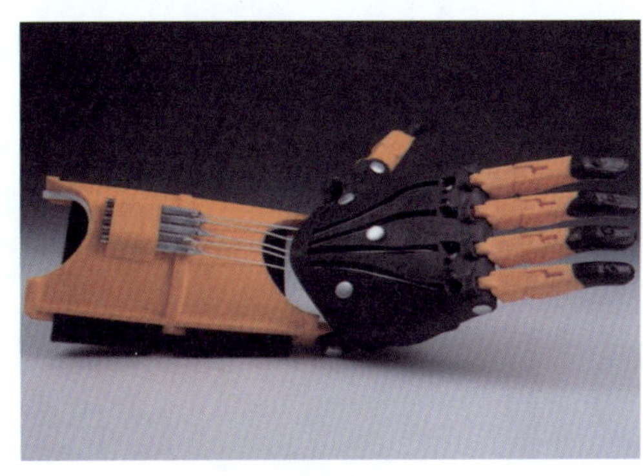

a)机械手

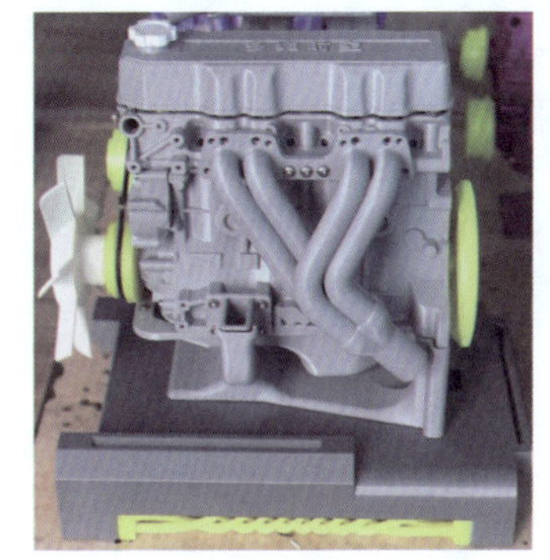

b)发动机模型

图 1-2-16 ABS 打印的模型

3. PETG

PETG 是一种非结晶性共聚酯，具有出众的热成型性、坚韧性与耐候性，热成型周期短、温度低、成品率高。PETG 作为一种新型的 3D 打印材料，兼具 PLA 和 ABS 的优点，可用于制作结构强度要求较高，有冲击载荷的零件，如无人机的机架（图 1-2-17）。

图 1-2-17 PETG 打印的无人机机架

三种耗材对比见表 1-2-1。

三种耗材对比 表 1-2-1

耗材		PLA	ABS	PETG
优点		1. 环保。 2. 打印模型光泽度好。 3. 打印时流动性好，模型不易开裂、不易翘边。 4. 打印时无异味	1. 具有良好的力学性能。 2. 支撑容易去除。 3. 后期容易进行机械加工、上色	1. 良好的抗拉强度。 2. 高韧性、低收缩率
缺点		1. 不易去除支撑。 2. 抗冲击性能低，强度差	1. 打印时易翘边。 2. 必须要平台加热。 3. 模型容易开裂。 4. 打印时有难闻的气味	需热床加热
打印参数	喷嘴温度	190~230℃	220~240℃	230~250℃
	热床温度	50~60℃	80~120℃	100~120℃

二、柔性材料 TPE

TPE（Thermoplastic Elastomer）是一种热塑性弹性材料，它具有高回弹性，应用范围广，环保、无毒、安全，有优良的着色性。在鞋模设计、弹性玩具设计等领域的打印得到广泛应用（图 1-2-18）。

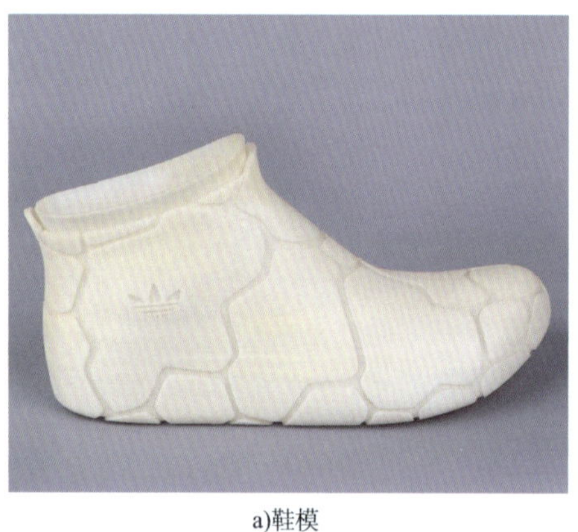
a)鞋模

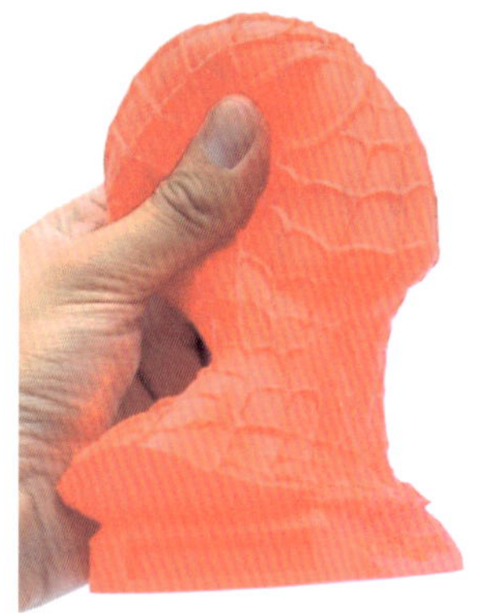
b)弹性玩具

图 1-2-18　TPE 打印的模型

三、夜光耗材

夜光耗材通过在 PLA 或 ABS 中添加不同颜色的荧光剂，暴露于光源下约 15min，再拿到黑暗处，就会发出光芒（图 1-2-19）。

图 1-2-19　夜光耗材打印的模型

四、木质耗材

木质耗材可以打印出触感很像木头的模型（图 1-2-20）。通过在 PLA 中混合定量的木质纤维，如竹子、桦木、雪松、樱桃、椰子、软木、乌木、橄榄、松树、柳树，会生产出一系列的木质 3D 打印材料。但要注意，在 PLA 中掺入木质纤维后，会降低材料的柔韧性和拉伸强度。

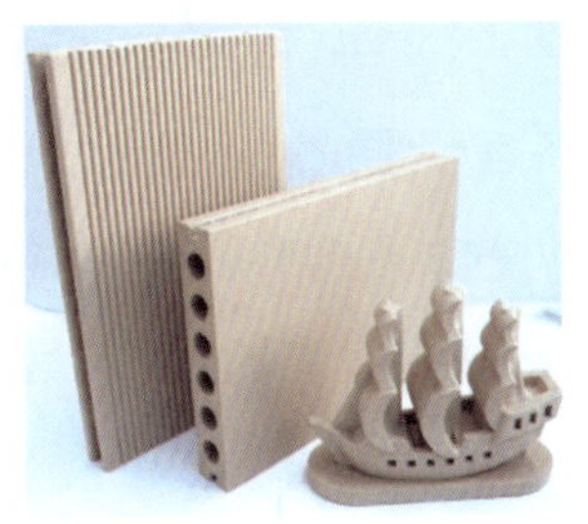 

图 1-2-20 木质耗材打印的模型

五、金属质感耗材

金属质感耗材是一种 PLA 或 ABS 与金属粉末混合的材料。模型抛光后，从视觉上能感到这些模型就像是用青铜、黄铜、铝或不锈钢制造出来的（图 1-2-21）。这些金属粉末与 PLA、ABS 混合后打印的线材比普通的 ABS、PLA 重很多，所以手感不像塑料，更像金属。

六、碳纤维耗材

混合了细碎碳纤维的 3D 打印线材（图 1-2-22）在刚性、结构以及层间附着力方面都达到了令人难以置信的水平，但是这些优势也带来了巨大的成本。由于这种材料是研磨制成的，即使研磨得非常精细，打印时也会加大对喷嘴的磨损，特别是由类似黄铜等软金属制成的喷嘴，在打印 500g 后就可观察到黄铜喷嘴的直径变大，需要及时更换喷嘴。其材料特性，注定其综合性能好，抗冲击性、耐热性、耐低温性、耐化学性及电气性能优良，还具有易加工、制品尺寸稳定、表面光泽性好等特点。

图 1-2-21 金属质感耗材打印的模型

图 1-2-22 碳纤维耗材打印的模型

第四节 FDM 3D 打印的优缺点

与其他 3D 打印技术相比，FDM 3D 打印因其桌面级设备简单，技术开源、普及率高等优势，已进入普通创新课堂教育，深受学生的喜爱。FDM 打印有以下优缺点：

（1）成本低。FDM 技术不采用激光器，设备运营维护成本较低，而其成型材料也多为 ABS、PLA、PC、PP 等热塑性材料，这些都是常见的工程塑料，易于取得，成本同样较低。

（2）环境污染较小。在整个打印过程中只涉及热塑性材料的熔融和凝固，且在较为封闭的 3D 打印室内进行，不涉及高温、高压，有毒有害物质排放量极少，因此，环境友好程度较高。

（3）设备、材料体积较小。采用 FDM 工艺的 3D 打印机设备体积较小，而耗材也是成卷的丝材，便于搬运，适用于办公室、家庭等环境。

（4）原料利用率高。没有使用或者使用过程中废弃的成型材料和支撑材料可以进行回收，加工再利用，能够有效提高原料的利用效率。

（5）后处理相对简单。目前采用的支撑材料多为水溶性材料，剥离较为简单，而其他技术路径后处理往往还需要进行固化处理，需要其他辅助设备，FDM 则不需要。

（6）成型时间较长。由于喷头运动是机械运动，成型过程中速度受到一定的限制，因此一般成型时间较长，不适合制造大型部件。

（7）打印悬空结构时需要支撑材料（图 1-2-23）。在成型过程中需要加入支撑材料，在打印完成后要进行剥离。对于一些复杂构件来说，剥离存在一定的困难。

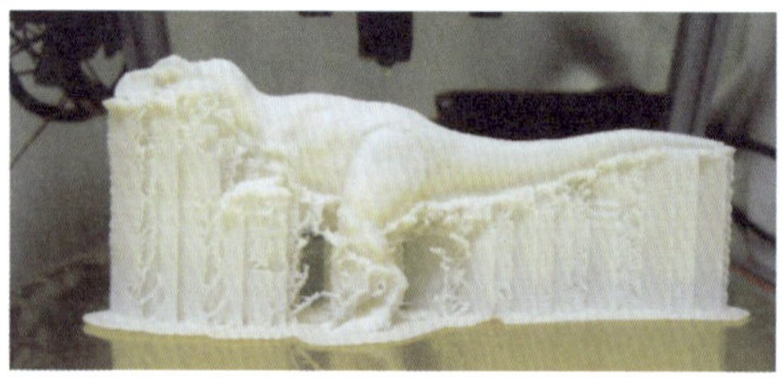

图 1-2-23　需要支撑材料的 FDM 打印技术

（8）与 SLA、LOM、SLS 等 3D 打印技术相比，FDM 技术更适合对精度要求不高的实物进行打印（图 1-2-24）。

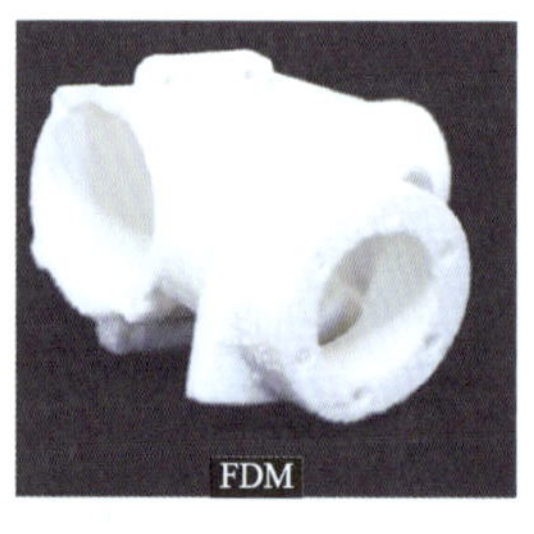

图 1-2-24　采用 FDM 和 SLA 技术打印的产品效果对比

第三章

开源 3D 打印

在 2010 年之前，“3D 打印”对于普通人来讲还是一个陌生的名词。当时的工业级 3D 打印设备和耗材都非常昂贵，只应用于模具开发、原型设计等工业上游环节，一般人没见过 3D 打印机，更没机会用。随着开源 3D 打印技术的出现，桌面级的 3D 打印机开始大量商品化，3D 打印技术也被更多人熟知。DIY 爱好者还可以通过网络搜集相关开源资料，设计并装调一台属于自己的 3D 打印机，最常见的就是 FDM 桌面级 3D 打印机。

第一节　开源 RepRap 项目的发展

开源，全称为开放源代码。开源最大的特点就是资源的公开化，任何人都可以得到技术的源代码（硬件和软件的所有设计资料），加以修改学习，甚至重新开发。在开源 3D 打印技术中，RepRap (replicatingrapid prototyper，快速复制原型机）项目是最具代表性的。

一、RepRap 项目第一代打印机 Darwin

2008 年，被称为开源 3D 打印之父的英国人 Adrian Bowyer 博士成功开发出世界上首台可自我复制的 3D 打印机，代号 Darwin（达尔文）（图 1-3-1），并将所有资料公布于开源社区网站。Darwin 3D 打印机使用丝杆组装成机架，呈长方体结构。打印平台通过安装在机架四个角上的丝杆实现上下移动，打印头由 x 轴和 y 轴的移动控制。

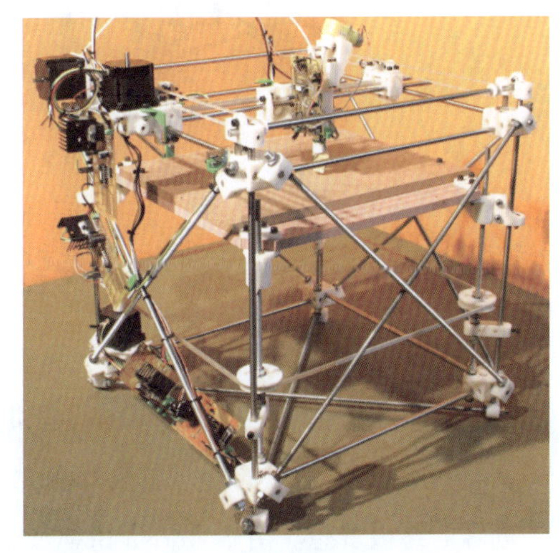

图 1-3-1　3D 打印机 Darwin

二、RepRap 项目第二代打印机 Mendel

随着 3D 技术的不断改进，RepRap 项目发布了第二代产品 Mendel（孟德尔）。该机型是三角形结构（图 1-3-2），用球轴承取代了第一代机型的滑动轴承，减少了摩擦。它的运动形式是打印平台沿 y 轴移动，打印喷头沿 x 轴移动，通过两个丝杆控制 z 轴移动。

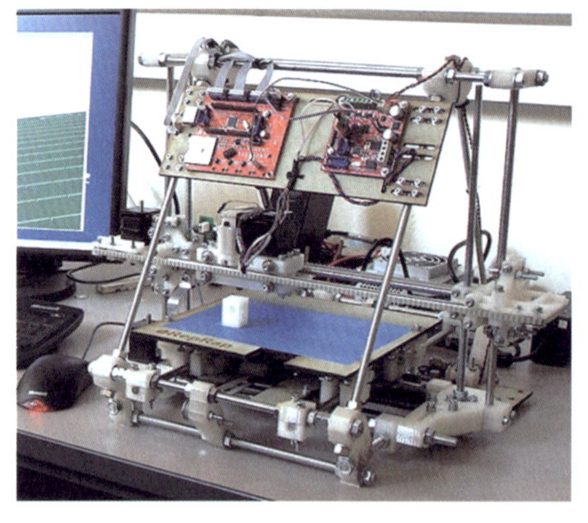

图 1-3-2　3D 打印机 Mendel

Mendel 打印机演化出了两个升级版：Prusa Mendel 机型和 Mini Mendel 机型（图 1-3-3）。Prusa Mendel 机型采用直线轴承代替了球轴承，进一步提高了各轴运动的稳定性。相比 Mendel，Prusa Mendel 安装更容易、改进更容易、修理更容易。Mini Mendel 在原版 Mendel 的硬件基础上对某些部件做了重新设计，对电路板、固件和主机软件也做了改进。和 Mendel 相比，Mini Mendel 对同一零件的打印量要降低 30%。

a)Prusa Mendel机型

b)Mini Mendel机型

图 1-3-3　Mendel 打印机的升级版

三、RepRap 项目第三代打印机 Prusa i3

Prusa i3 是 Reprap 项目的第三代机型（图 1-3-4）。Prusa i3 简单的结构设计与相对低廉的成本使其成了广大 DIY 新手的首选机型。

自 2008 年成功发布全球首款开源 FDM 桌面级 3D 打印机后，装调一台 3D 打印机成为创客的终极梦想。由于 Adrian Bowyer 通过博客将机械设计图纸、电路图纸、控制源代码等无偿放到网上供任何人免费下载，并鼓励人们尝试新材料与新方法并交流成果，基于开源设计的 RepRap 几乎成为目前绝大部分桌面级 3D 打印机的始祖。

图 1-3-4　3D 打印机 Prusa i3

第二节　开源 3D 打印机的机型结构

一、框架结构

框架结构的 3D 打印机（图 1-3-5）最具代表性的就是 Prusa i3。该机型结构简单，易于上手，适合第一次接触 3D 打印的 DIY 爱好者。但框架结构装配精度低导致打印精度相对较低。打印平台前后快速移动，导致了在打印过程中模型的晃动，过快的打印速度会导致模型与打印基板脱离，因此，影响了打印机的效率。

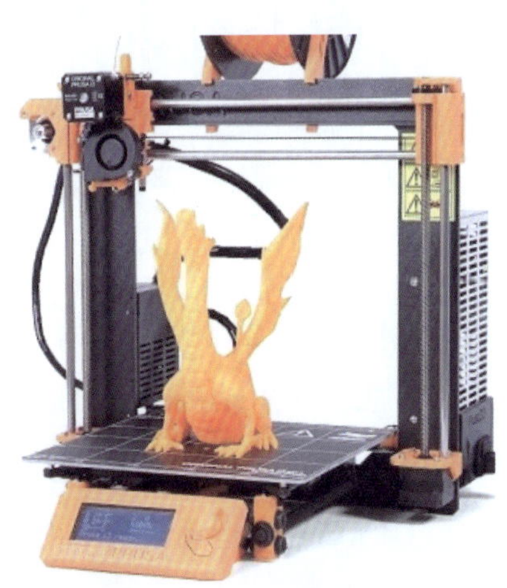

图 1-3-5　框架结构

二、箱体结构

箱体结构的 3D 打印机，步进电动机带动同步带使打印头沿 x 轴和 y 轴移动，而打印平台通过丝杆传动只沿 z 轴上下移动。这种结构使得打印空间能够得到最大的利用。以 makerbot 和 ultimaker 为代表的箱式结构是目前市面上较为流行的结构（图 1-3-6）。

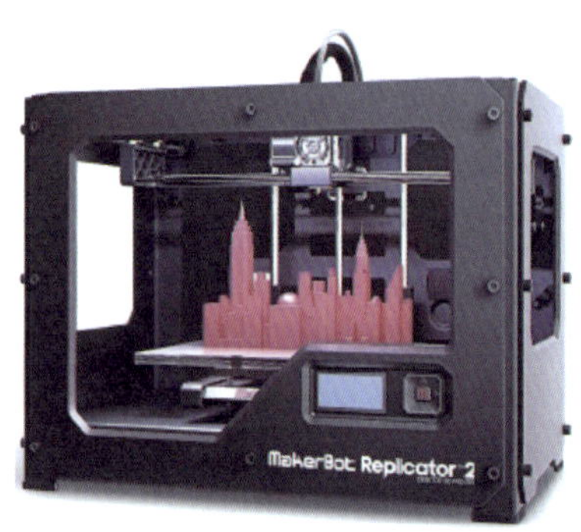

a)makerbot3D打印机

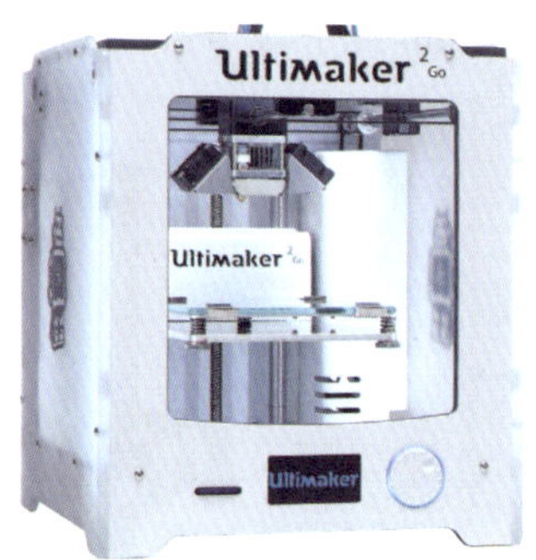

b)ultimaker3D打印机

图 1-3-6　箱体结构

根据 x 轴和 y 轴运动机构的不同，箱体结构的打印机分为以下四种：

（1）Makerbot 运动机构：由两个电动机通过同步带分别控制打印头两个方向的运动。y 轴的电动机安装在 x 轴的滑块上，增加了 x 轴电动机的负载，也增大了 x 轴移动的惯性（图 1-3-7）。

（2）Ultimaker 运动机构：打印头用十字交叉光轴固定，两个电动机都安装在机架上，降低了打印头的移动惯性，使得打印更加稳定，也间接提升了打印的精度与速度（图 1-3-8）。

图 1-3-7　makerbot 运动机构

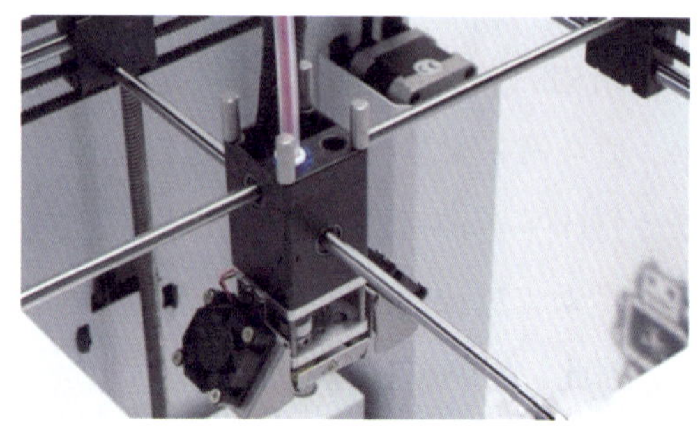
图 1-3-8　ultimaker 运动机构

（3）Hbot 运动机构：和前两个机型的单个电动机控制单个方向不同，它的主要运转方式是通过 xy 电动机的协同运作，让打印头在各个方向上进行移动。由于其电动机同步带的缠绕形状为 H 形，Hbot 也因此而得名（图 1-3-9）。

（4）Corexy 运动机构：由 Hbot 改进而来的一种结构，也使用 xy 电动机协同运作。不同之处在于 Corexy 具有多种同步带的缠绕方式（图 1-3-10）。

Hbot 和 Corexy 运动机构成型精度高，打印速度快，电路板与电源等电子部件可隐藏至机体内，空间利用率高。但是这两种结构较为复杂，不易装配，维修麻烦，零件精度要求高，整机成本较高。

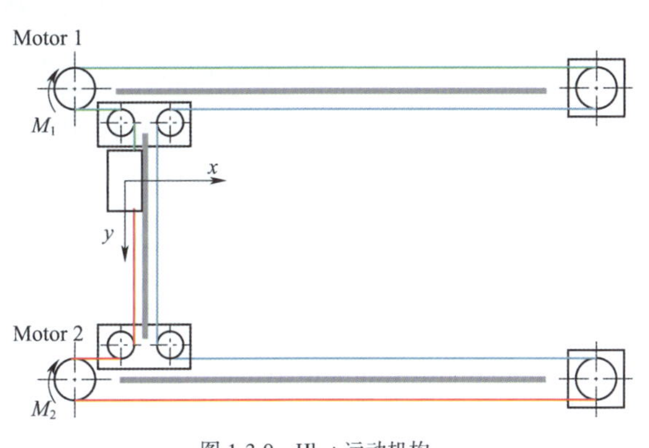

图 1-3-9　Hbot 运动机构

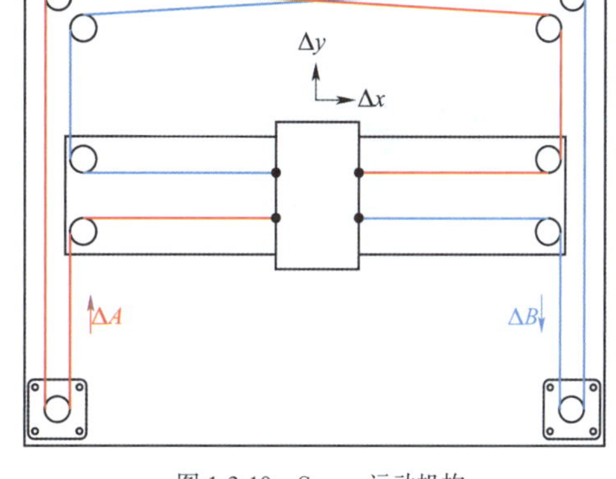

图 1-3-10　Corexy 运动机构

三、三角洲结构

三角洲结构是目前比较常见的一种结构，专业名称为并联臂结构，因其炫酷的外表吸引了很多 DIY 爱好者。Rostock 是目前市场上常见的三角洲 3D 打印机（图 1-3-11）。

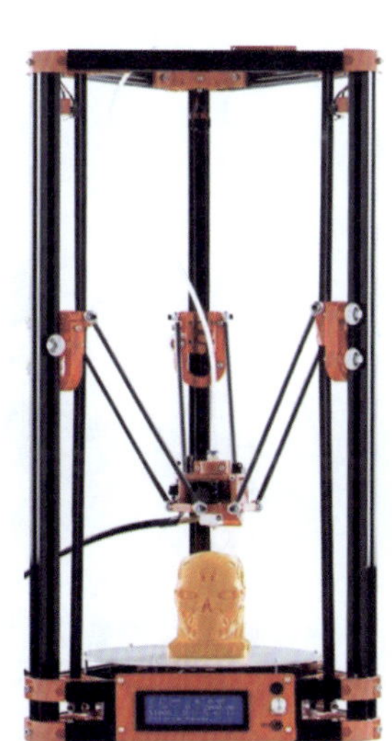

图 1-3-11　三角洲结构

三角洲结构相比其他结构的机型，占地面积更小，结构也相对简单。在打印尺寸上三角洲结构可以打印出更高尺寸的模型来。由于其结构的特点其打印速度更快、传动效率更高。三角洲结构的劣势与优势同样也是因为它的并联臂结构。虽然三角洲结构的占地面积较小，但是由于打印机需要给 3 个并联臂留出移动空间，直接限制了打印机在空间上的利用。此外，由于其坐标定位采用的是一种特殊的插值算法，对于一些弧形结构只能采用多个直线段逼近的方式，导致其打印精度稍有不足。因为其打印平台是固定的，所以打印机的调平调试较为复杂，不适合新手使用。

四、单悬臂结构

单悬臂结构的打印机 Printbot（图 1-3-12）同样也 Reprap 打印机的分支，在结构上和 prusa i3 很相似只是少了一个 z 轴的支架。Printbot 号称全世界最简单最便宜的 3D 打印机，

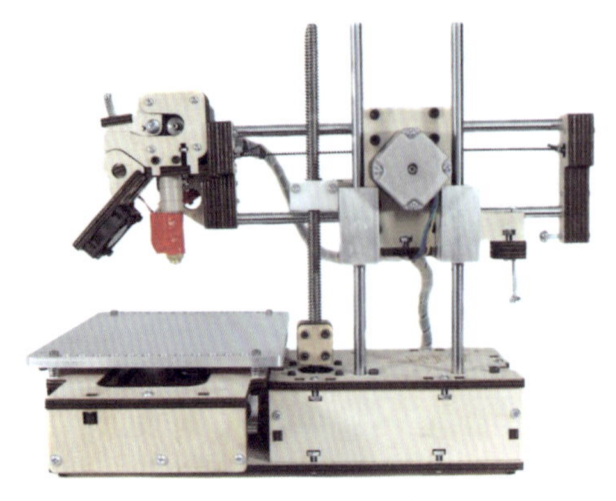

图 1-3-12　单悬臂结构

它的设计初衷就是成为一台让孩子都能动手组装、修理的 3D 打印机，同时能够以更低的价格让更多的学生接触到 3D 打印机。所以它最大的特点就是结构非常简单。在价格方面也比市场上主流的 Makerbot 和 Ultimaker 便宜不少。不过它的缺点也比较突出；打印模型尺寸较小，作为教学机打印的精度也一般。但是对于刚接触 3D 打印的 DIY 爱好者来说还是个不错的选择。

五、机械臂结构

机械臂结构是根据传统的多轴机械臂改装或设计而来的 3D 打印机（图 1-3-13）。除了 3D 打印功能外，这种机械臂一般还带有激光雕刻、物体抓取等功能。

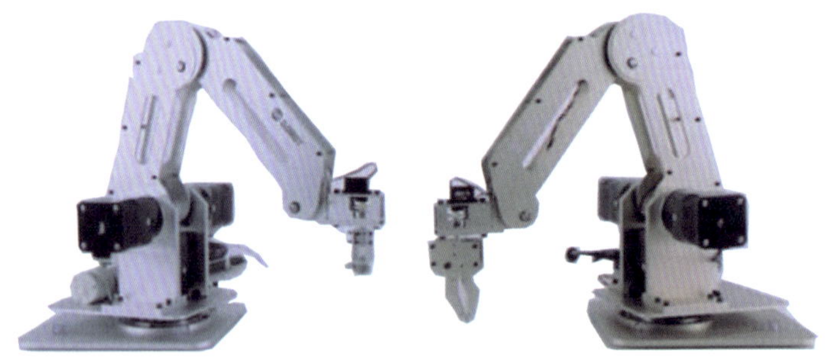

图 1-3-13　机械臂结构

第三节　开源 3D 打印机的典型控制系统

控制系统是 3D 打印机的核心，所有运动机构都依靠控制系统发出的指令。控制系统的不断更新换代，使得 3D 打印机具备更快的打印速度、更好的表面质量，以及更方便的操作性。控制系统包括控制主板、下位机软件和上位机软件。

在开源 3D 打印机诸多控制系统中，采用 Mega2560 主控板 +RAMPS1.4 拓展板 +A4988 步进电动机驱动板 +LCD2004 显示屏的搭配，烧录下位机软件 Marlin 固件，再使用上位机软件 Repetier–Host 控制是最具代表性的。因为它运行比较稳定，支持市面上大多数开源打印机。

一、控制主板

1. Mega2560 主控板

Mega2560 主控板是基于 Arduino 开发的开源电路板（图 1-3-14），它是 3D 打印机的大脑，烧录固件后，可以控制整个打印机来完成特定的动作。

图 1-3-14 Mega2560 主控板

2. RAMPS1.4 拓展板

RAMPS1.4 是 Mega2560 主控板上的拓展板，它可以更好地与其他电子设备进行连接，起到过渡桥梁的作用（图 1-3-15）。

a)RAMPS1.4拓展板

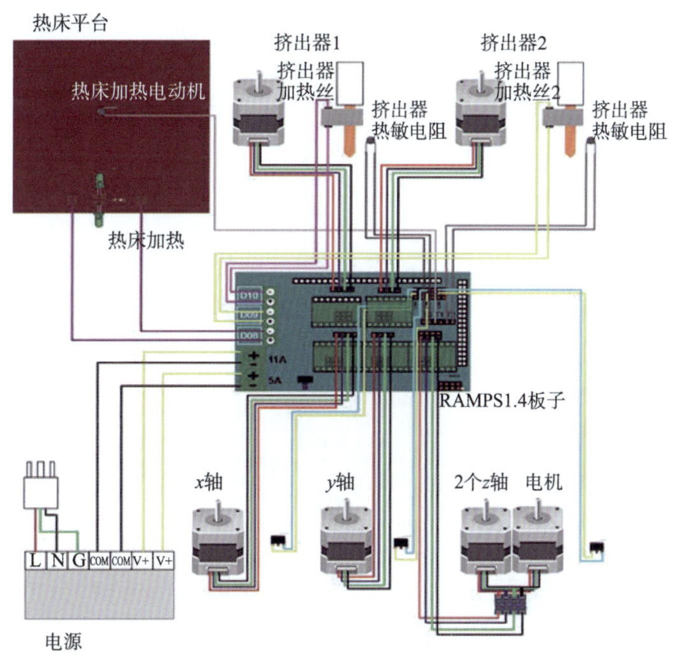

b)电子设备连接

图 1-3-15 RAMPS1.4 拓展板及其与电子设备的连接

3. A4988 步进电动机驱动板

A4988 步进电动机驱动板是将电脉冲转化为角位移的电路板（图 1-3-16），实现主控板对步进电动机的控制，从而控制整个打印机运动。

4. LCD2004 显示屏

LCD2004 显示屏（图 1-3-17）显示打印机状态，同时在脱机状态下（没有上位机软件控制的情况下），可以通过 LCD2004 显示屏组件上的旋钮控制打印机的操作。

图 1-3-16 A4988 步进电动机驱动板

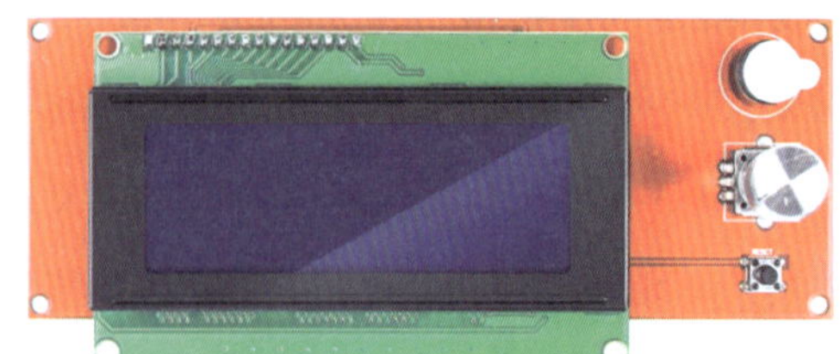

图 1-3-17 LCD2004 显示屏

二、下位机软件

下位机软件是安装在主控板上的软件，相当于系统程序。因为一般被存储在非易失性 RAM 中，所以统称固件。现在的开源固件有 Sprinter、Marlin、Teacup、sailfish 等。Marlin 因支持大多数开源主控板，而且功能强大，容易修改，成为最常用的固件。Marlin 固件可以在 Arduino 软件上编辑（图 1-3-18），根据打印机的实际参数对固件进行修改，然后烧录到支持的主控板上。

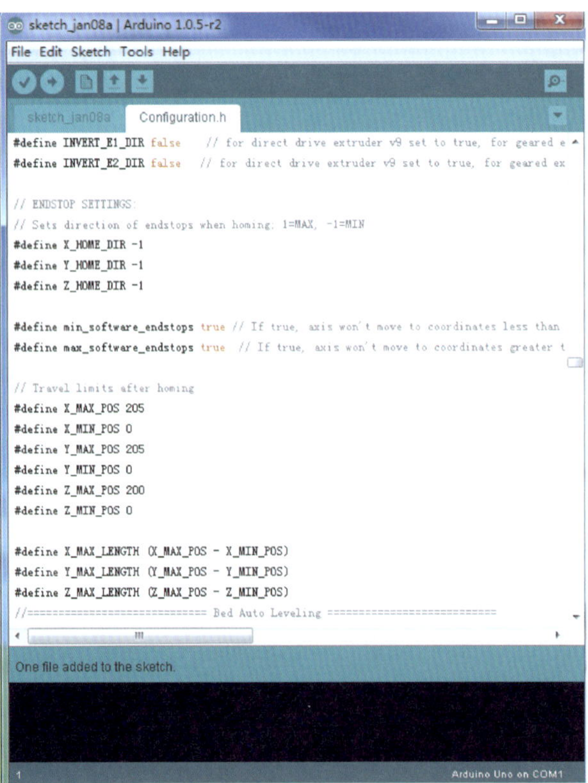

图 1-3-18 Marlin 固件编辑

三、上位机软件

上位机软件是安装在电脑上的，在联机打印时可以控制打印机的软件。Repetier-Host 是 Repetier 公司开发的一款免费的 3D 打印综合软件（图 1-3-19），可以实现切片、查看修改 Gcode、手动控制 3D 打印机、更改某些固件参数以及其他一些小功能。Repetier 公司并不提供切片引擎，而是在该软件中外部调用其他的切片软件进行切片，如 CuraEngine、Slic3r 及 Skeinforge 等切片软件。它是在同类软件 (如 Printrun、Repelicator-G) 中使用起来比较方便的一款。

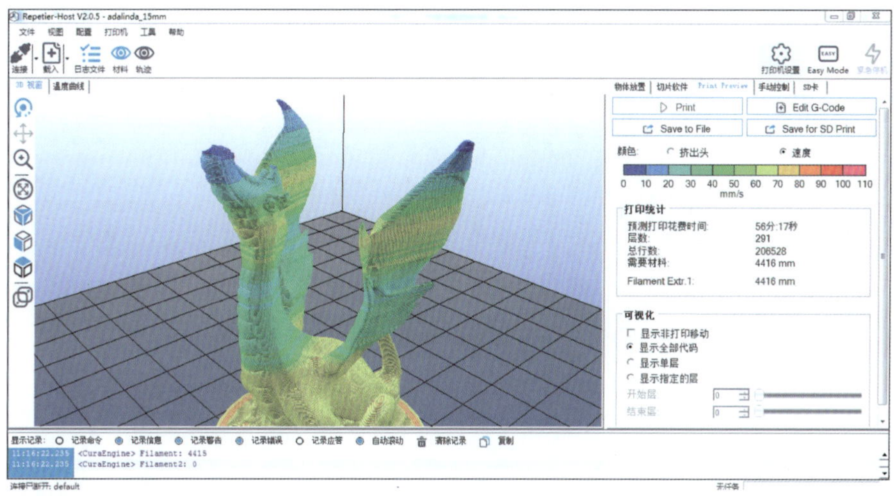

图 1-3-19 Repetier-Host 软件界面

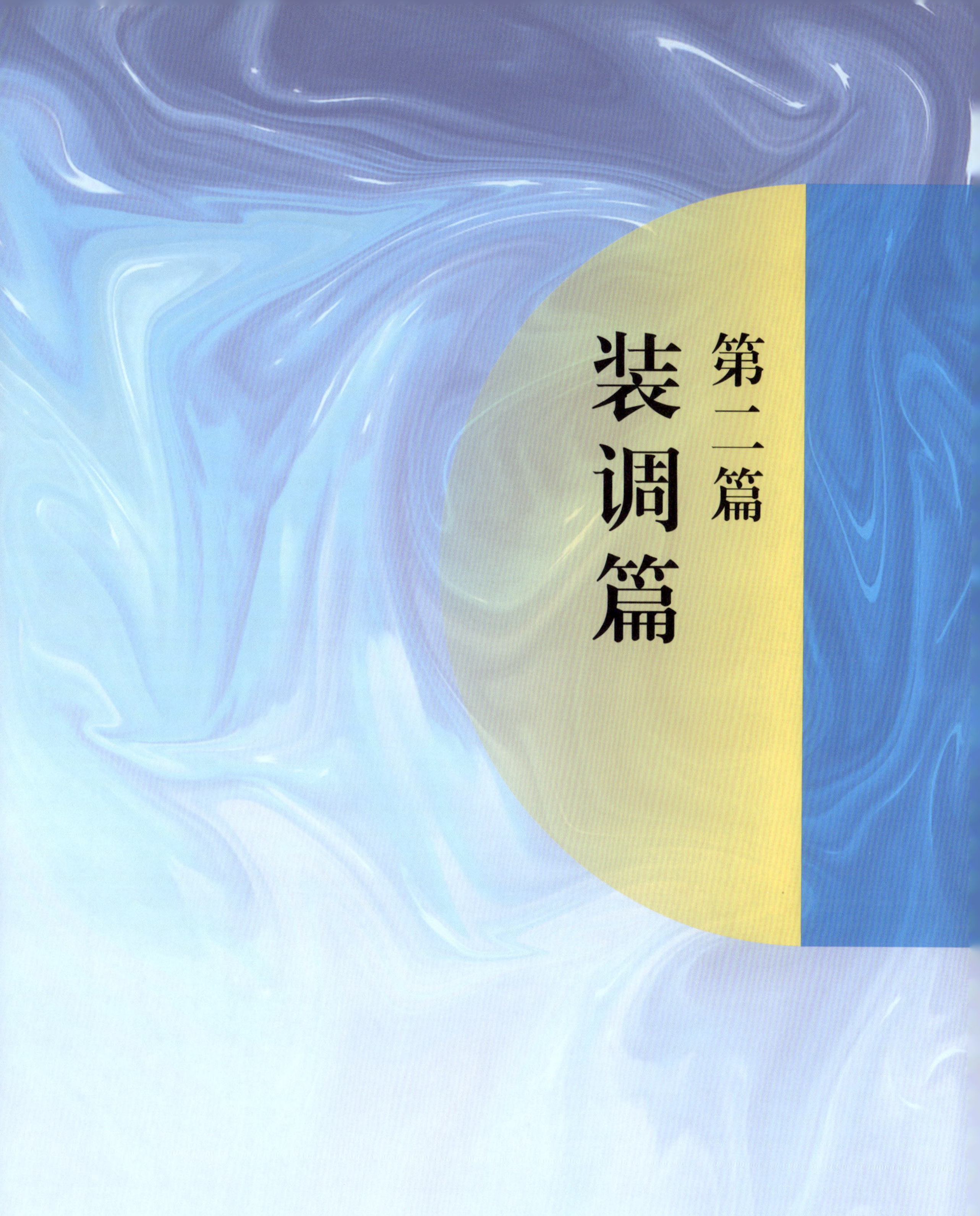

第二篇

装调篇

FDM 桌面级 3D 打印机组装

本书装调对象为 FDM 桌面级 3D 打印机（图 2-1-1），该打印机采用了典型的 Makerbot 机型结构，具有结构简单、性能稳定、打印精度高等特点。机架使用铝型材组装而成，运动机构采用直线轴承导向，同步带和丝杆传动，外壳为亚克力板。控制系统为“赤兔 F 系列”主板，搭配彩色触摸屏，操作界面简洁，灵敏度高。系统支持断点保存、断电续打、打印完成后自动关机、无线 WIFI 等功能。主要技术参数见表 2-1-1。

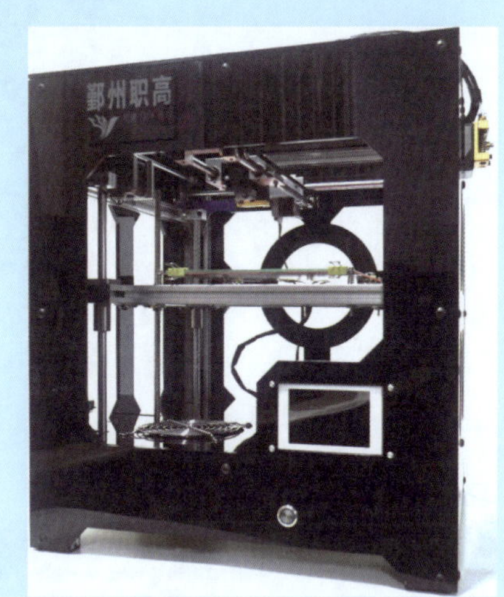

图 2-1-1　FDM 桌面级 3D 打印机

FDM 桌面级 3D 打印机主要技术参数　　表 2-1-1

最大成型尺寸	180mm × 180mm × 174mm	控制形式	联机、触摸屏、无线等
耗材	PLA/ABS 等，线径 1.75mm	文件传输	SD 卡、联机传输
打印头	单头 0.4mm	打印头最高温度	250℃
打印速度	15~150mm/s	平台最高温度	100℃
挤出形式	远程挤出	文件格式	Gcode

第一节　机架组装

机架是 3D 打印机的结构框架，所有运动机构和电子元器件都安装在机架上，因此，机架要具备良好的尺寸精度和结构强度。

机架由立柱、横梁和纵梁组成，通过紧固件连接（图 2-1-2）。机架零件见表 2-1-2，组装过程见表 2-1-3。

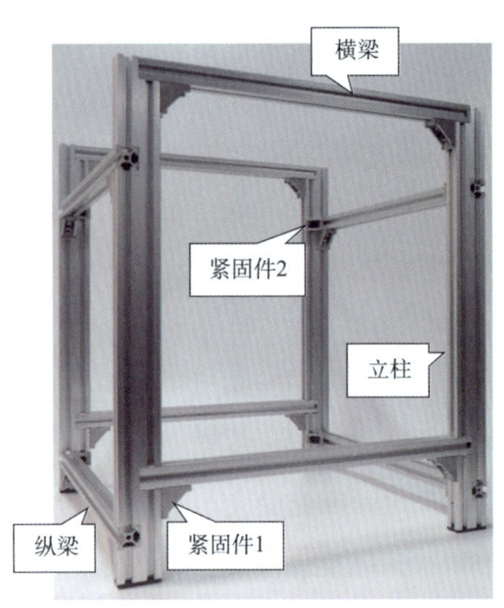

图 2-1-2 机架

机架零件 表 2-1-2

名 称	图 片	型 号	数 量
立柱		欧标 2040 铝型材 加工图纸见附录 1	4 根
横梁		欧标 2020 铝型材 长度 370mm	4 根
纵梁		欧标 2020 铝型材 长度 400mm	4 根
紧固件 1		欧标角码 2028 内六角圆柱头螺栓 M5 × 10 欧标 T 形螺母 M5 垫片 $\phi 5 \times 12 \times 1.5$	16 套
紧固件 2		欧标角码 2020(一面锉平) 内六角半圆头螺栓 M5 × 8 欧标 T 形螺母 M5	8 套
封盖		欧标 2040	4 个

机架组装过程 表 2-1-3

1. 将立柱和横梁按图示位置摆放在平台上，确保处于同一平面内，用紧固件 1 连接立柱和横梁。（前后两个框架一样）	2. 将 4 根纵梁卡入立柱定位槽内，确保纵梁端面与立柱平面对齐，用紧固件 1 连接立柱和纵梁

3. 用紧固件 2 连接立柱和纵梁内侧，角码锉平的一面朝向立柱	4. 用丁字尺检查机架立柱对角线尺寸（约 571mm），调整各紧固件，确保误差在 1mm 范围之内

5. 安装立柱底部封盖	6. 机架组装完成

知识小链接>>>>>>

一、铝型材的分类

铝型材根据横截面不同，可分为欧标和国标两大类（图 2-1-3）。

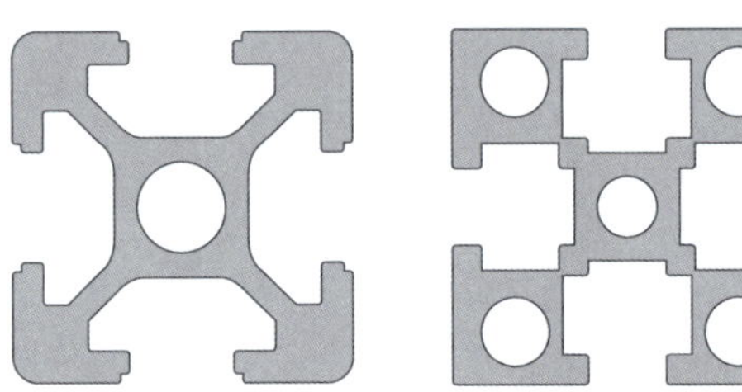

图 2-1-3 铝型材横截面

欧标铝型材和国标铝型材的区别在于：首先是铝型材边角倒角不同。欧标四个边角有较大的圆弧倒角，而国标四个边角倒角很小，基本是直角。其次是槽形不同。在铝型材固定连接时需根据槽形放置不同的螺母，欧标的需放置 T 形螺母，国标的放置普通方螺母。

二、紧固件的使用方法

将螺栓套上平垫，穿过角码并旋入 T 形螺母两圈后，直接将螺母放入铝型材槽内（图 2-1-4）。用内六角扳手旋紧螺栓，螺母会自动旋转并卡在槽内，紧固后应仔细检查 T 形螺母是否旋转到位（图 2-1-5）。

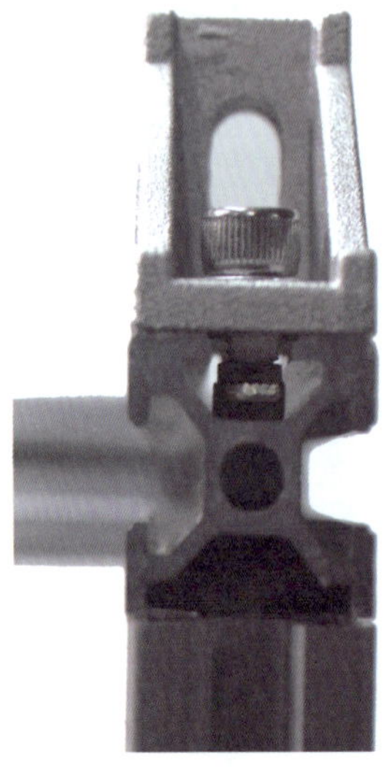

图 2-1-4 T 形螺母放入槽内

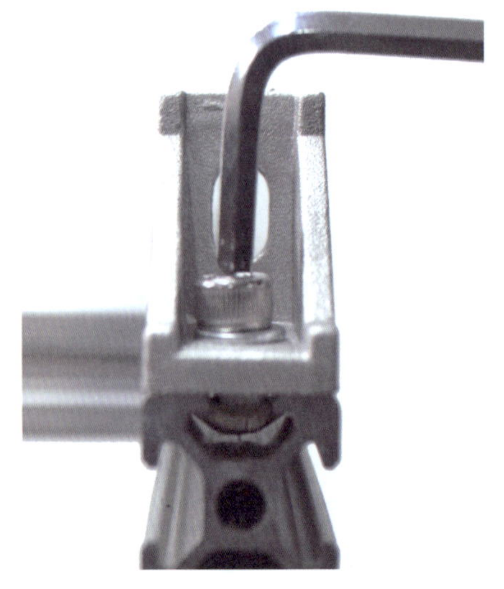

图 2-1-5 紧固后 T 形螺母位置

第二节　运动机构组装

3D 打印机运动机构如图 2-1-6 所示，由 x、y、z、e 四个轴向运动机构组成。x 轴为打印头的左右移动，y 轴为打印头的前后移动，z 轴为打印平台的上下移动，e 轴为耗材挤出运动。

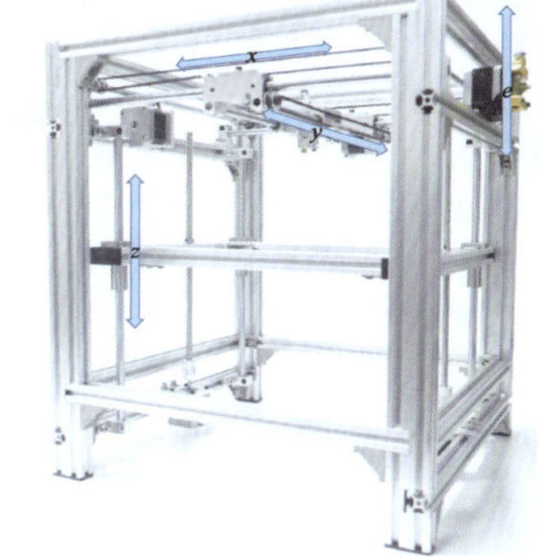

图 2-1-6　3D 打印机运动机构

一、y 轴运动机构组装

y 轴运动机构如图 2-1-7 所示，采用直线轴承导向，同步带传动。打印头滑块与同步带固定，同步带将电动机的旋转运动转变为打印头滑块的移动。y 轴运动机构零件见表 2-1-4，组装过程见表 2-1-5。

图 2-1-7　y 轴运动机构

y 轴运动机构零件　　表 2-1-4

名　称	图　片	型　号	数　量
打印头滑块		加工图纸见附录 2	1 个
前滑块		加工图纸见附录 3	1 个
后滑块		加工图纸见附录 4	1 个
直线轴承		LM10UU	4 个
		LM8UU	4 个

续上表

名　称	图　片	型　号	数　量
远程散热管		E3D-V6	1 个
不锈钢喉管		E3D /4.1 通孔	1 个
加热块		E3D	1 块
喷嘴		ϕ0.4mm/ 螺纹 M6	1 个
光轴		ϕ8mm/ 长度 319mm	2 根
2GT 环形同步带		带宽 6mm/ 长度 710mm	1 根
42 步进电动机		二相四线 1.8°	1 个
2GT 同步带轮		20 齿 / 内孔 5mm/ 带宽 6mm	1 个
2GT 同步带惰轮		20 齿 / 内孔 5mm/ 带宽 6mm	1 个
同步带固定片		9mm × 40mm	1 块
紧固件	紧定螺钉 M4 × 3		12 颗
	内六角圆柱头螺栓 M3 × 10 配螺母		4 套
	内六角圆柱头螺栓 M3 × 8		2 颗
	沉头螺栓 M5 × 26 配 2 颗螺母		1 套

y 轴运动机构组装过程 表 2-1-5

1. 将远程散热管用 M3×10 螺栓固定在打印头滑块上（螺母卡在散热片中间，固定三个位置即可）	2. 将不锈钢喉管大端旋入散热管并旋紧

3. 将喷嘴旋入加热块，注意安装面	4. 将加热块旋入喉管，通过调整喷嘴的旋入量调节加热块方位，必须如图所示，用力旋紧防止耗材溢出

5. 将直线轴承分别从两端压入滑块孔内，保证端面平齐，用 M4 紧定螺钉固定直线轴承	6. 将同步带惰轮用 M5×26 沉头螺栓安装至前滑块，锁紧螺母后惰轮转动无卡顿
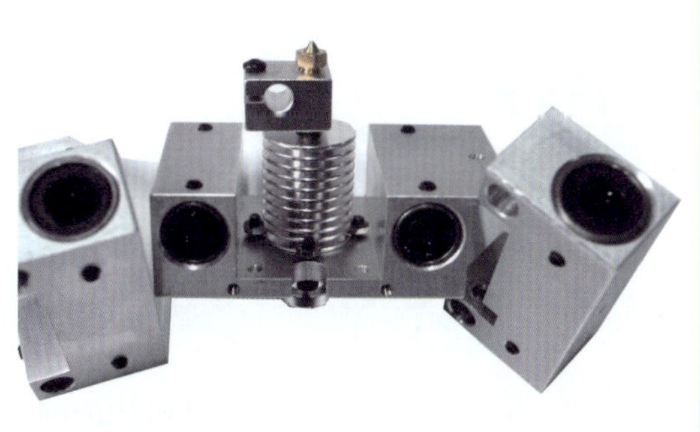	

续上表

7. 将同步带轮安装到电动机轴上，端面平齐，注意紧定螺钉必须压在电动机轴削边处，将电动机通过 M3 × 8 螺栓安装至后滑块处	8. 将 $\phi8$ 光轴插入后滑块，端面平齐，用紧定螺钉固定
	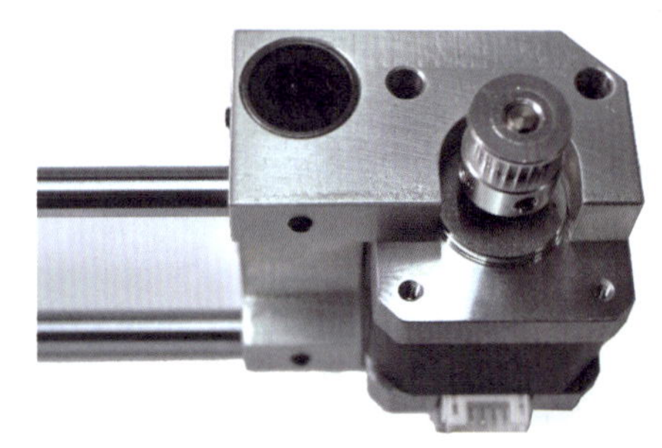
9. 依次装入打印头滑块、前滑块，安装时保持轴承与光轴平行，防止损坏轴承。注意滑块安装方向	

10. 安装同步带，移动前滑块调节同步带松紧度，锁紧前滑块固定光轴的紧定螺钉	
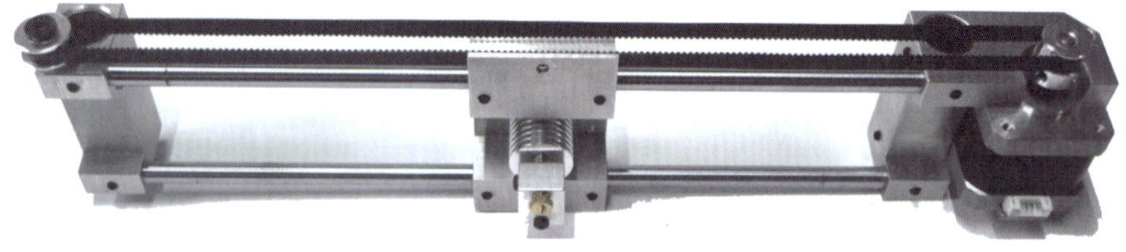	
11. 在同步带中间位置打孔（可用尖头电烙铁），用 M3 × 10 螺栓穿过固定片和同步带，与打印头滑块固定	
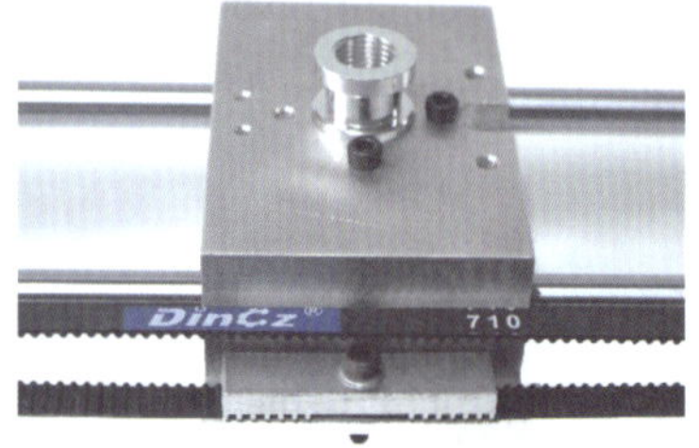	

二、x 轴运动机构组装

x 轴运动机构如图 2-1-8 所示，采用直线轴承导向，同步带传动。y 轴运动机构的前后滑块座与同步带固定，同步带将电动机的旋转运动转变为 y 轴运动机构的左右移动。x 轴运动机构零件见表 2-1-6，组装过程见表 2-1-7。

图 2-1-8 *x* 轴运动机构

x 轴运动机构零件 表 2-1-6

名　称	图　片	型　号	数　量
光轴		ϕ10mm/ 长度 404mm	2 根
		ϕ8mm/ 长度 360mm	2 根
立式支撑座		SK10	4 个
2GT 同步带轮		20 齿 / 内孔 8mm/ 带宽 6mm	5 个
		20 齿 / 内孔 5mm/ 带宽 6mm	1 个
卧式轴承座		KFL08	4 个
2GT 环形同步带		带宽 6mm/ 长度 122mm	1 根
42 步进电动机		二相四线 1.8°	1 个
x 轴电动机座		加工图纸见附录 5	1 个
2GT 开口同步带		带宽 6mm/ 长度 730mm	2 根
同步带固定片		9mm × 40mm	2 块

续上表

名　称	图　片	型　号	数　量
同步带张紧弹簧		带宽 6mm	若干
紧固件	内六角圆柱头螺栓 M5 × 12 配垫片及 T 形螺母		8 套
	内六角圆柱头螺栓 M5 × 12 配弹簧垫圈、垫片及 T 形螺母		2 套
	内六角圆柱头螺栓 M3 × 10 配垫片		4 套
	内六角圆柱头螺栓 M5 × 10 配垫片及 T 形螺母		8 套
	内六角圆柱头螺栓 M4 × 8 配垫片		2 套

x 轴运动机构组装过程　　表 2-1-7

1. 组装左右传动轴套件，注意带轮方向。在左传动轴上预装环形同步带，各紧定螺钉不必锁紧

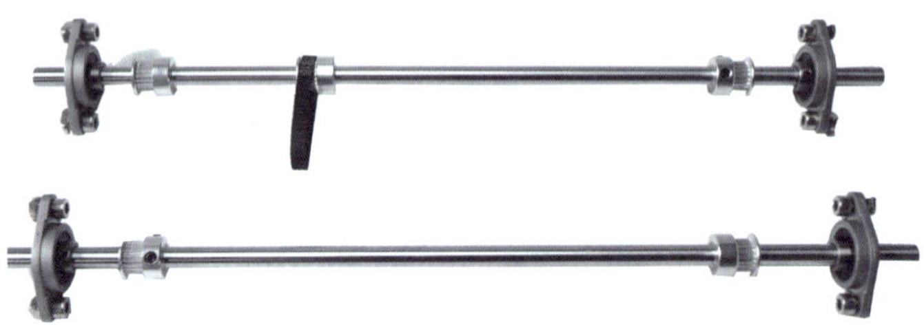

2. 将传动轴套件用 M5 × 10 螺栓安装到机架上，4 个轴承座紧靠上横梁安装。固定后转动传动轴无卡顿，锁紧轴承座紧定螺钉

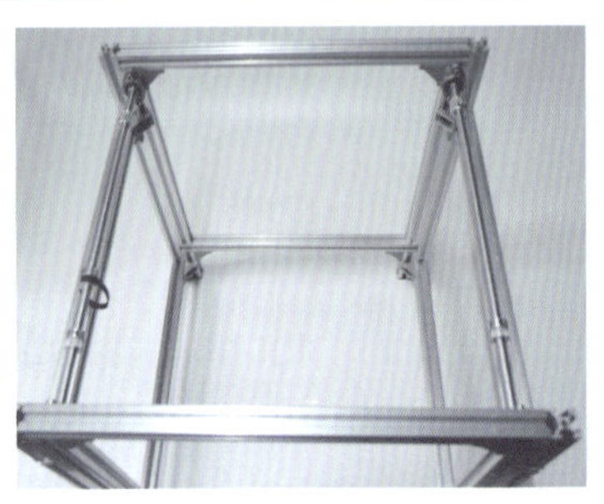
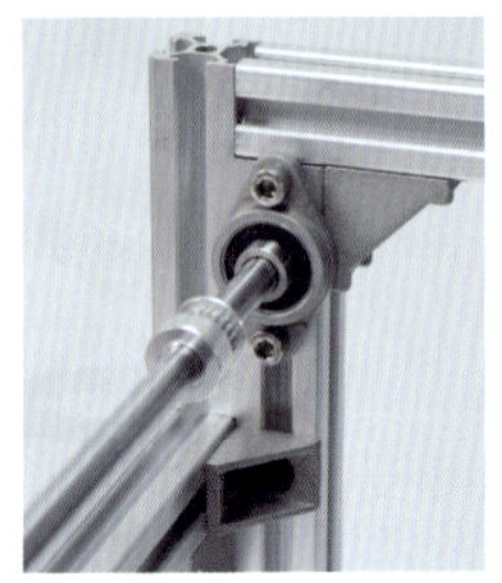

3. 将两根 $\varphi 10$ 光轴分别穿过前后滑块，放到机架上，注意 y 轴电动机在后方

续上表

4. 光轴两端套上支撑座（锁紧螺栓朝中间）。先用 M5 × 12 螺栓固定前面两个支撑座（紧靠立柱），再调节后面的支撑座。固定后左右移动滑块无卡顿，最后拧紧支撑座上的光轴锁紧螺栓

5. 调整好左右传动轴上带轮的位置（带轮中立面与支撑座中立面必须在同一直线上）。绕上开口同步带，用 M4 × 8 螺栓和固定片将其固定到滑块上，完成后锁紧带轮紧定螺钉

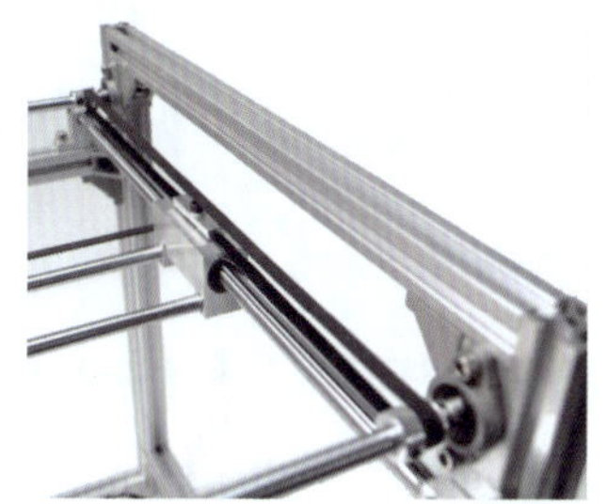

6. 根据同步带松紧度安装张紧弹簧，紧靠固定块

7. 将电动机用 M3 × 10 螺栓安装到电动机座上。安装带轮，带轮端面与轴端面平齐，锁紧紧定螺钉

续上表

8. 将电动机座用 M5×12 螺栓安装到左侧上纵梁处，尽量靠前。上下移动电动机座调节同步带松紧度，传动轴与电动机轴必须平行
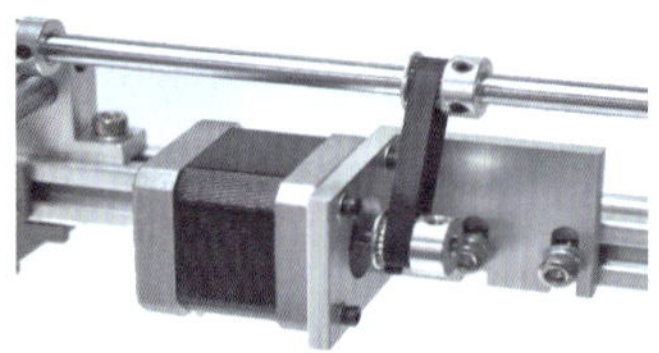

知识小链接 >>>>>>

认识步进电动机

一、什么是步进电动机

步进电动机是一种将数字脉冲信号转化为角位移的执行机构。当步进驱动器接收到一个脉冲信号时，它就会驱动步进电动机按设定的方向转动一个固定的角度（步距角）。我们可以通过控制脉冲个数来控制角位移量，从而达到准确定位的目的；也可以通过控制脉冲频率来控制电动机转动的速度和加速度，从而达到调速的目的。

二、二相四线的定义

步进电动机按定子上绕组来分，共有二相、三相和五相等系列。电动机相数不同，其步距角也不同，一般二相电动机的步距角为 1.8° 。四线是指电动机有 4 根引出线。

三、步进电动机的选型

步进电动机由步距角、静力矩及电流三大要素组成。一旦三大要素确定，步进电动机的型号便确定下来了。

1. 步距角的选择

电动机的步距角取决于负载精度的要求，将负载的最小分辨率（当量）换算到电动机轴上，每个当量电动机应走多少角度（包括减速），电动机的步距角应等于或小于此角度。市场上步进电动机的步距角一般有 0.36° /0.72° （五相电动机）、0.9° /1.8° （二、四相电动机）、1.5° /3° （三相电动机）等。

2. 静力矩的选择

步进电动机的动态力矩一下子很难确定，我们往往先确定电动机的静力矩。静力矩选择的依据是电动机工作的负载，而负载可分为惯性负载和摩擦负载两种。单一的惯性负载和单一的摩擦负载是不存在的。直接启动时（一般由低速）时两种负载均要考虑，加速启动时主要考虑惯性负载，恒速运行只考虑摩擦负载。一般情况下，静力矩应为摩擦负载的2~3倍。静力矩一旦选定，电动机的机座及长度便能确定下来了（几何尺寸）。

3. 电流的选择

静力矩一样的电动机，由于电流参数不同，其运行特性差别很大，可依据矩频特性曲线图判断电动机的电流。

三、z轴运动机构组装

z轴运动机构即打印机平台的上下移动（图2-1-9）。本机构使用4个直线轴承导向，左右双丝杆传动，有效防止平台倾斜。z轴运动机构零件见表2-1-8，组装过程见表2-1-9。

图2-1-9 z轴运动机构

z轴运动机构零件 表2-1-8

名　称	图　片	型　号	数　量
纵梁		加工图纸见附录1	2根
横梁		加工图纸见附录1	2根
封盖		欧标2040	4个
连接件		加工图纸见附录6	2套
直线轴承		LMK10LUU	4个
丝杆螺母		T8四线丝杆/螺距2mm	2套
光轴		ϕ10 mm/长度343mm	4根

续上表

名　称	图　片	型　号	数　量
立式支撑座		SK10	8个
42步进电动机		二相四线 1.8°	2个
z 轴电动机座		加工图纸见附录7	2个
联轴器		5×8×25mm	2个
紧固件1		欧标角码 2028 内六角圆柱头螺栓 M5×10 欧标T形螺母 M5 垫片 M5×12×1.5	4套
紧固件2	内六角半圆头螺栓 M5×6 配T形螺母		16套
	内六角圆柱头螺栓 M3×30 配螺母		4套
	内六角圆柱头螺栓 M4×20 配螺母		16套
	内六角圆柱头螺栓 M5×10 配T形螺母		12套
	内六角圆柱头螺栓 M3×10 配垫片		8套

z 轴运动机构组装过程　　表2-1-9

1. 安装平台框架，纵梁两端压入封盖，具体安装尺寸见附录10

续上表

2. 安装直线轴承和丝杆螺母，注意安装方向

3. 将平台通过 $\phi 10$ 光轴安装到机架上，注意平台方向。各立式支撑座到立柱距离相等

4. 上下移动平台无卡顿

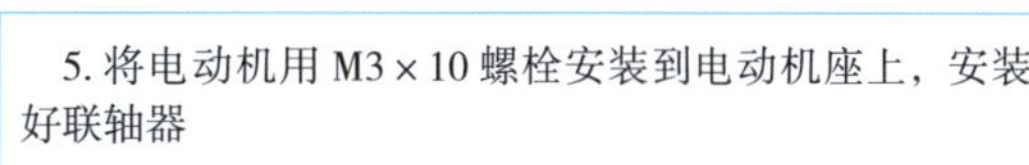
5. 将电动机用 M3×10 螺栓安装到电动机座上，安装好联轴器

6. 将电动机座安装到机架下的纵梁（居中）上

7. 旋入丝杆，调节电动机轴中心线位置。调试前安装一根丝杆即可

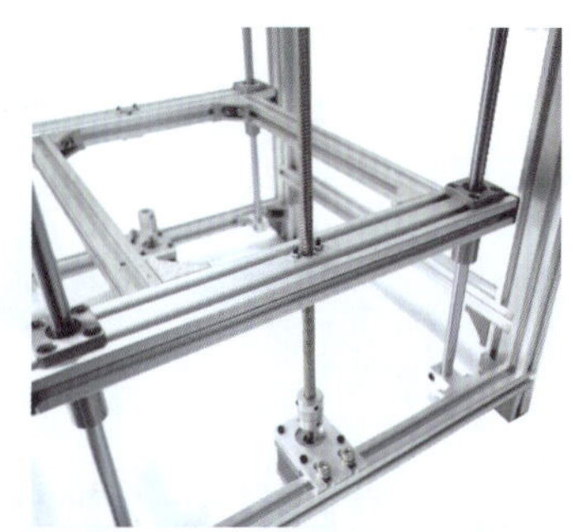

图 2-1-10　*e* 轴运动机构

四、*e* 轴运动机构组装

e 轴运动机构（图 2-1-10）即 3D 打印机的挤出机，通过齿轮的啮合力将耗材送入打印头。本打印机采用远程挤出机，安装于机架横梁上。*e* 轴运动机构零件见表 2-1-10，组装过程见表 2-1-11。

***e* 轴运动机构零件**　　　　表 2-1-10

名　称	图　片	型　号	数　量
电动机座		42 步进电动机支架	1 个
42 步进电动机		二相四线 1.8°	1 个
远程挤出机套件		新版 mk8（左手 1.75）	1 套
气动接头		ϕ4mm/ 螺纹 M6	1 个
		ϕ4mm/ 螺纹 M10	1 个
铁氟龙管		乳白色 2×4 1.75mm 专用 长度 500mm	1 根
加强纵梁		长度 360mm	4 根
紧固件 1		欧标角码 2028 内六角圆柱头螺栓 M5×10 欧标 T 形螺母 M5 垫片 M5×12×1.5	8 套
紧固件 2	内六角半圆头螺栓 M5×8 配垫片及 T 形螺母		2 套

e 轴运动机构组装过程　　表 2-1-11

1. 用 M5×8 螺栓将电动机座安装到机架右侧纵梁居中位置。安装时需预先放入电动机，注意电动机线接口位置	2. 组装挤出机配件
	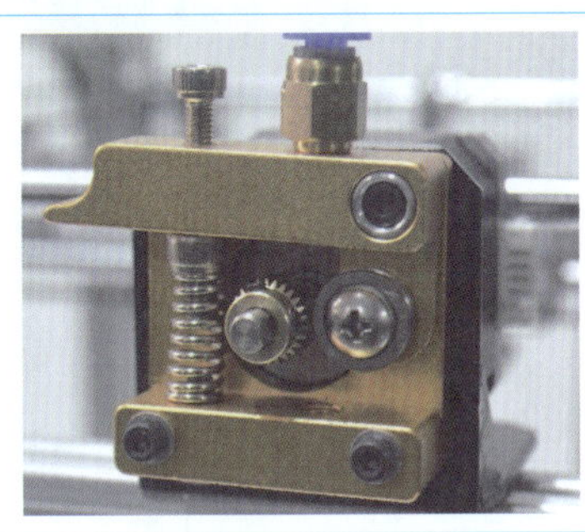
3. 在散热管上旋入 M10 气动接头	4. 插入铁氟龙管，打印头一端必须插到喷嘴上
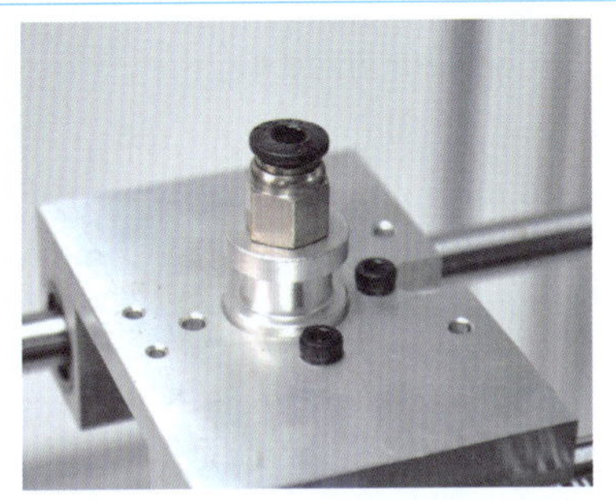	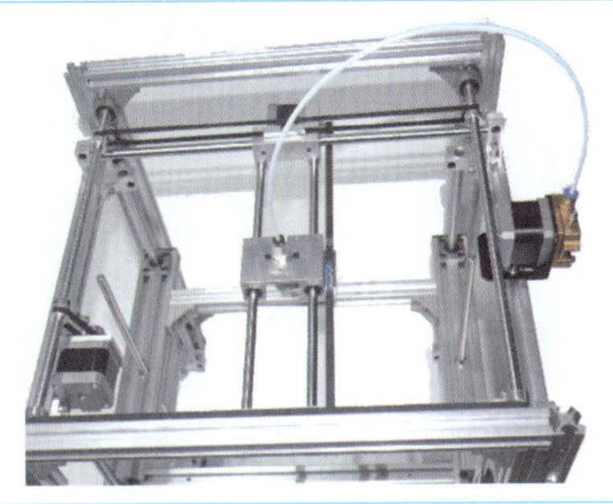
5. 用紧固件 1 安装 4 根加强纵梁，与各横梁平齐	
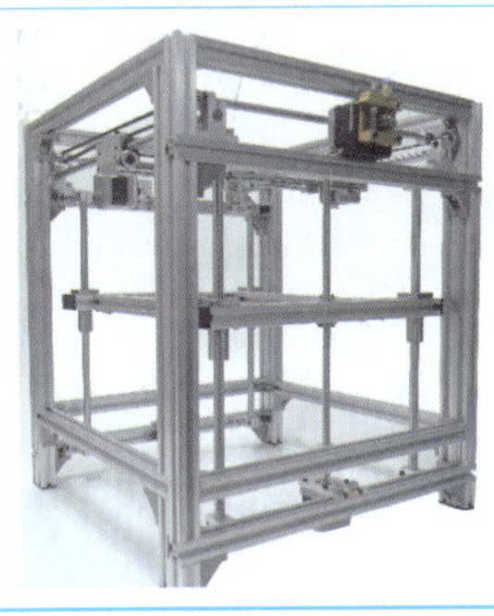 	

第三节　电控系统安装

一、主线路板的安装

主线路板主要由开关电源、控制主板、断电续打、大功率加热四个模块组成，通过环氧树脂板固定于机架底部（图 2-1-11）。主线路板元件见表 2-1-12，安装过程见表 2-1-13。

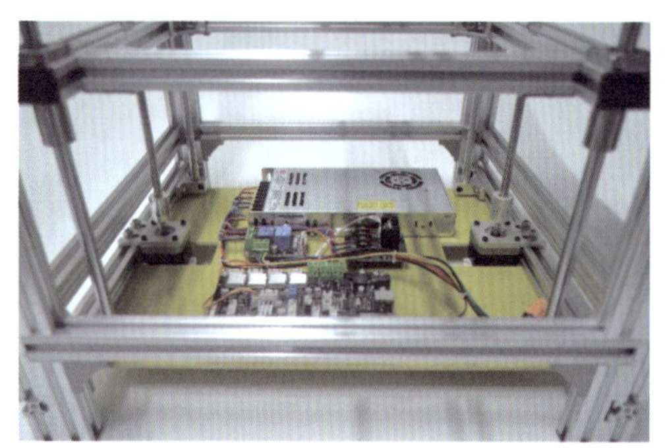

图 2-1-11　主线路板的安装

主线路板元件　　表 2-1-12

名　称	图　片	型　号	数　量
环氧板		加工图纸见附录 9	1 张
支撑件		六角铜柱 M3×10 双通	12 套
开关电源		LRS-350-24（350W/24V）	1 个
控制主板		赤兔 FDM V3.9	1 块
断电续打模块		与控制主板配套	1 套
大功率热床模块		与控制主板配套	1 个
双喷头模块		与控制主板配套	1 个
WIFI 模块		与控制主板配套	1 个

续上表

名　称	图　片	型　号	数　量
紧固件		内六角圆柱头螺栓 M5×10 配T形螺母及垫片	4套
	半圆头十字螺栓 M3×8		12颗
扎带		50mm	若干
导线	红蓝导线		若干
	2P–2P		1根
	2P–3P		1根
	单头 2P		1根

主线路板安装过程　　表 2-1-13

1. 在环氧板上用 M3×10 螺栓固定六角铜螺柱，注意位置	2. 安装开关电源（反面用螺栓固定）
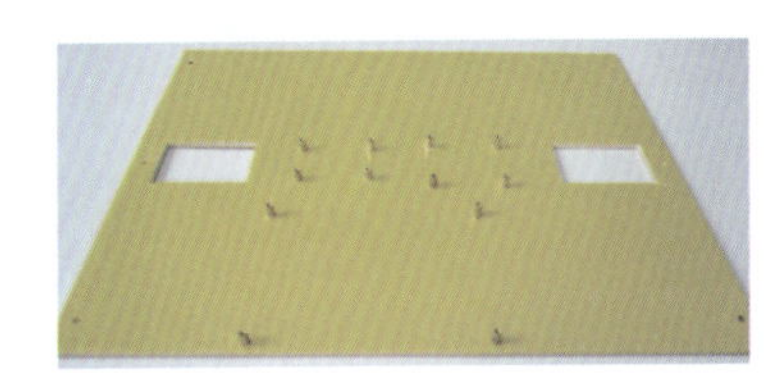	
3. 用 M3×8 螺栓将主板、断电续打模块、大功率热床模块固定在六角铜螺柱上	4. 在主板上插入 WIFI 模块和双喷头模块
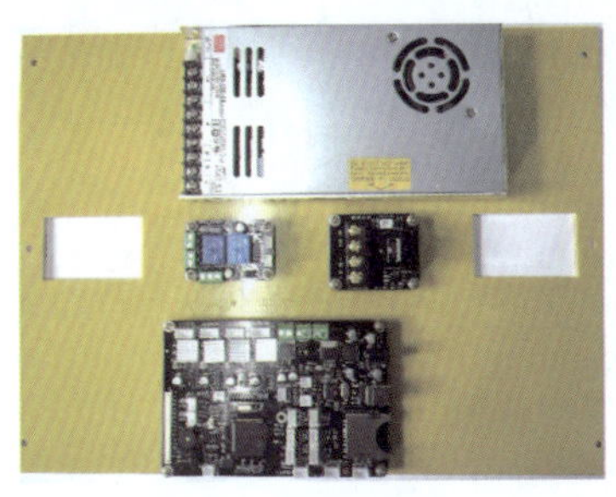	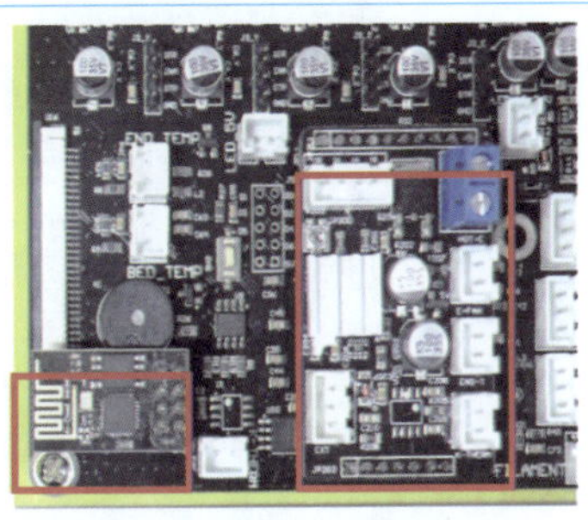
5. 根据图 2-1-12 连线，整理线束并用扎带固定	6. 切换主板上跳线帽至 DC 供电
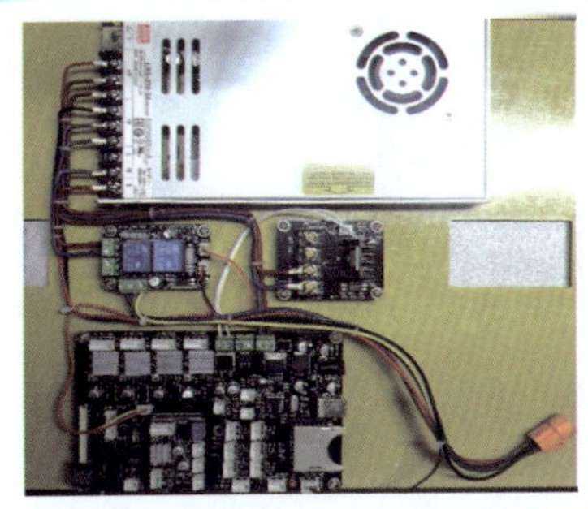	

续上表

7. 将主线路板用 M5×10 螺栓安装到机架上

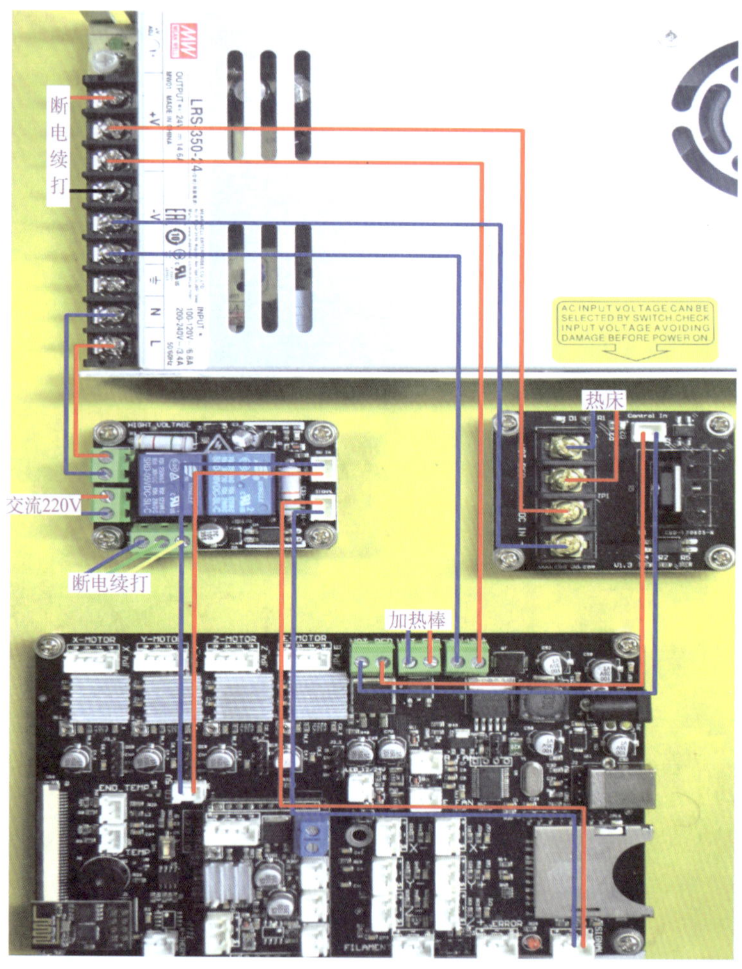

图 2-1-12　主线路板连线

二、限位开关安装

3D 打印机 x、y、z 轴各有一个限位开关，用于回零检测，安装位置如图 2-1-13 所示。限位开关安装元件见表 2-1-14，安装过程见表 2-1-15。

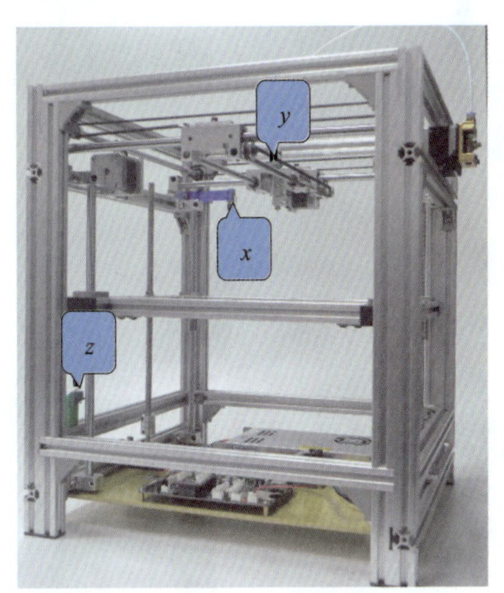

图 2-1-13　限位开关安装位置

回零开关安装元件　　表 2-1-14

名　称	图　片	型　号	数　量
限位开关		KW4-3Z-3 直柄	3 个
z 轴回零支架		加工图纸见附录 10	1 个
x 轴回零支架		加工图纸见附录 11	1 个
导线	双色 300mm、800mm、1400mm		各 1 根
插件		XH2.54-3P	若干
紧固件		内六角圆柱头螺栓 M5 × 10 配 T 形螺母及垫片	3 套
	内六角半圆头螺栓 M2 × 15 配螺母		6 套

限位开关安装过程 表 2-1-15

1. 焊接导线，回零开关接 C 和 NO 端子（常闭），制作 3P 插头

2. 安装 *y* 轴限位开关，移动打印头滑块，限位开关能压到前滑块

3. 安装 *x* 轴限位开关，移动 *y* 轴模块，*y* 轴电动机能压到限位开关
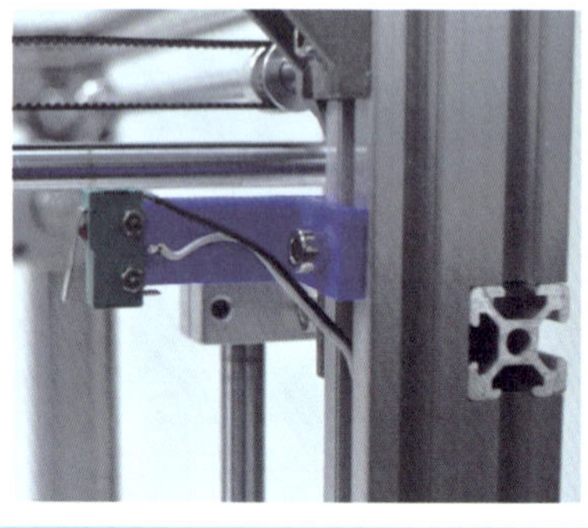 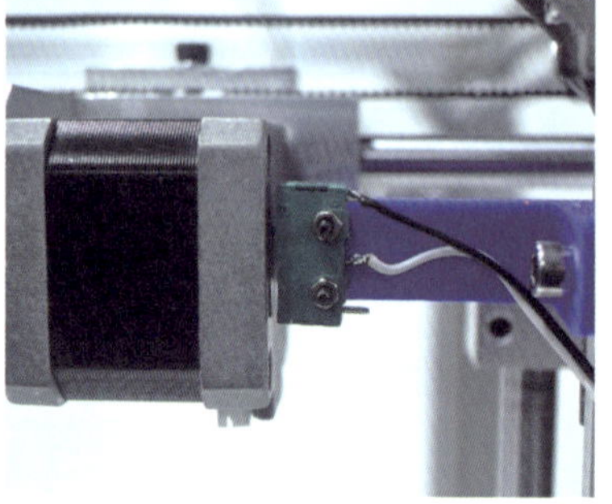
4. 安装 *z* 轴限位开关，降低平台框架能压到限位开关

续上表

5. 合理布置线束，将插头连接到主板上，注意插口位置

三、步进电动机接线

步进电动机是3D打印机运动机构的动力输出源。二相四线步进电动机一般采用PH2.0–6P接线端子插口，有4根导线引出（图2-1-14）。导线必须一一对应接到主板上，否则电动机不转或者反转。步进电动机接线所使用的导线和接线端子规格见表2-1-16，安装过程见表2-1-17。

图2-1-14 步进电动机接线端子插口

导线和接线端子规格 表2-1-16

名 称	长 度	数 量
4P导线	200mm、250mm、650mm、780mm、1000mm	各1根
接线端子	PH2.0–6P接线端子、XH2.54–4P接线端子	若干

导线安装过程 表2-1-17

1. 制作步进电机侧接线插头（PH2.0–6P）	2. 制作主板侧接线插头（XH2.54–4P）
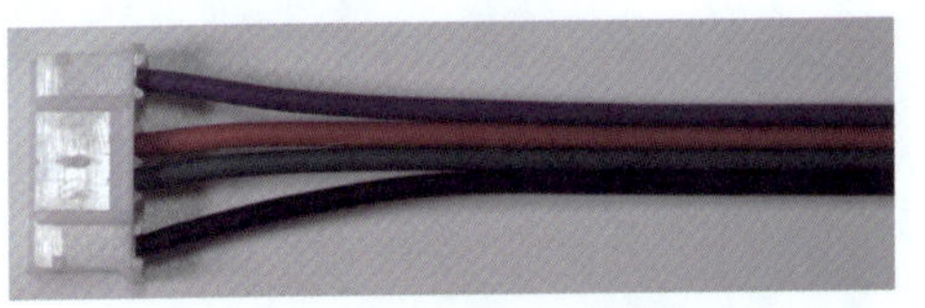	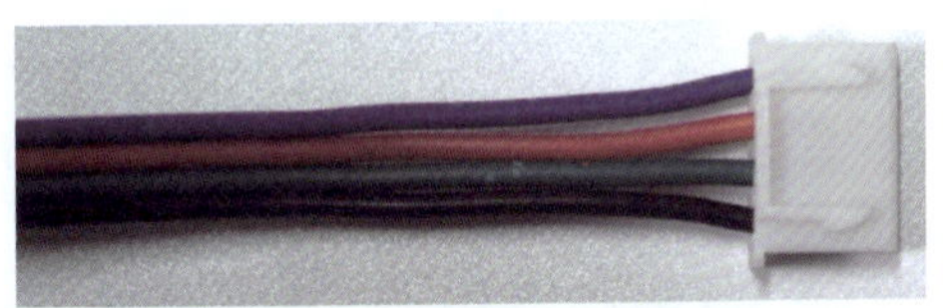

续上表

3. x 轴步进电机接线，接主板 X_MOTOR 处

4. y 轴电动机接线，接主板 Y_MOTOR 处

5. z_1 轴电动机接线，接主板 Z_MOTOR 处

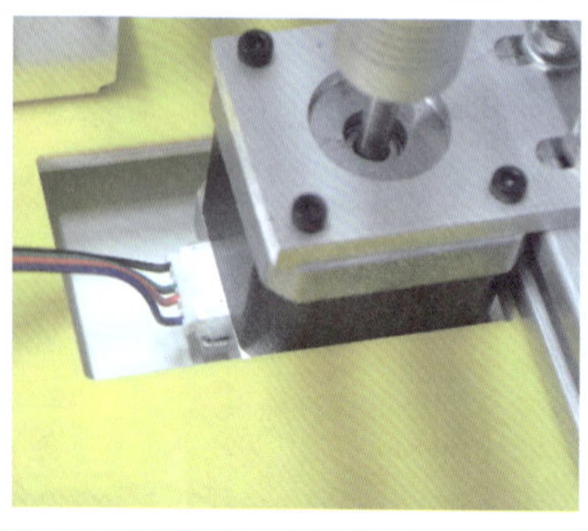

6. z_2 轴电动机接线，接双头模块电动机接口处

续上表

7. *e* 轴电动机接线，接主板 E_MOTOR 处

四、打印头电子元件的安装

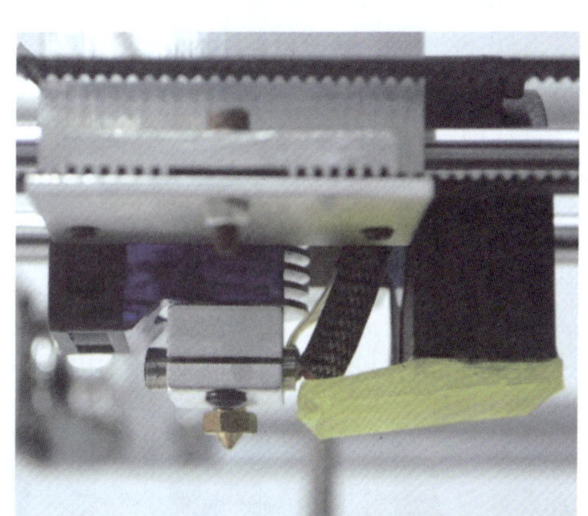

图 2-1-15 打印头电子元件

打印头电子元件主要包括加热棒、温度传感器、散热管冷却风扇和打印件冷却风扇（图 2-1-15）。加热棒给加热块提供热能；温度传感器实时监控加热块温度，将结果反馈给主板，用来控制加热棒的工作；散热管冷却风扇随打印机一起启动，防止加热块的热扩散；打印件冷却风扇受主板控制，给打印件提供冷却。打印头电子元件见表 2-1-18，安装过程见表 2-1-19。

打印头电子元件　　表 2-1-18

名　称	图　片	型　号	数　量
温度传感器		NTC 单端玻封热敏电阻 100K	1 个
风扇罩		E3D/V6 专用	1 个
散热管 冷却风扇		3010 风扇 / 直流 24V	1 个

续上表

名　称	图　片	型　号	数　量
加热管		24V/50W / 线长 2m	1 根
打印件冷却风扇		4020 离心风扇 / 直流 24V	1 个
风嘴		加工图纸见附录 12	1 个
排线	6P/1400mm		1 根
热缩管	内径 2mm		若干
缠绕管	内径 15mm		若干
紧固件	十字自攻螺栓 15mm		2 颗
	内六角圆柱头螺栓 M3 × 25		2 颗
扎带	长度 50mm		若干

打印头电子元件安装过程　　表 2-1-19

1. 将散热管冷却风扇用自攻螺栓安装到风扇罩上	2. 风扇罩剪两个缺口

3. 将风扇罩卡入散热管	4. 将温度传感器安装到加热块上

续上表

5. 将加热棒安装到加热块上	6. 将风嘴用 AB 胶粘到打印件冷却风扇上
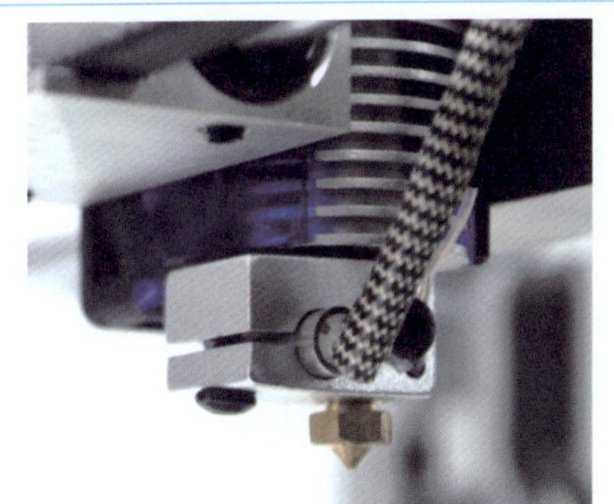	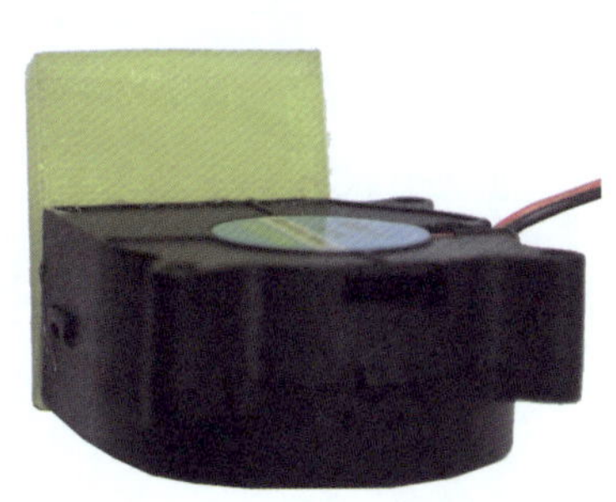
7. 把导线卡入凹槽内，将打印件冷却风扇用 M3 × 25 螺栓安装到打印头滑块上	

8. 焊接各元件延长线，套上热缩管	9. 散热管冷却风扇接主板 E_FAN 处，注意区分正负极

10. 温度传感器接主板 END_TEMP 处，无正负极区分	11. 加热棒接主板 HOT_END 处，无正负极区分

续上表

12. 用缠绕管整理线束
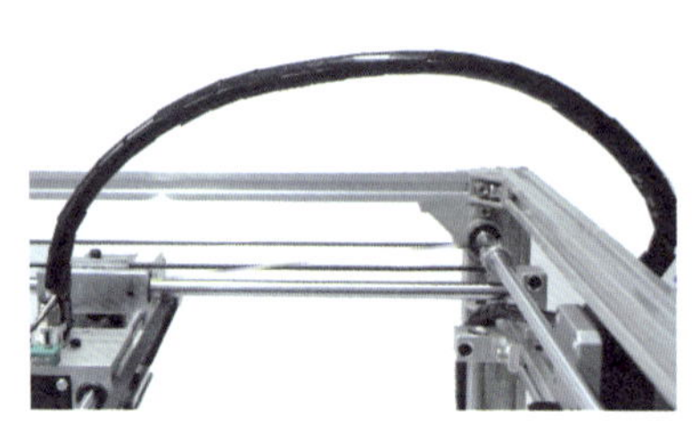 

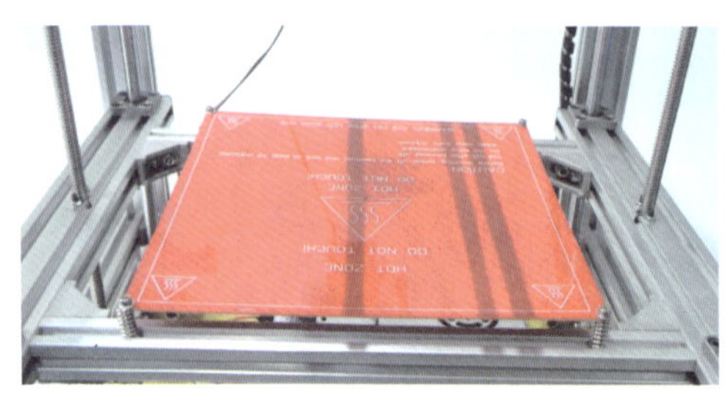

图 2-1-16　热床

五、热床安装

热床是熔融沉积3D打印机所特有的配件（图2-1-16）。通过加热热床，让打印件底层维持一个较高的温度，能与高硼硅玻璃板紧密贴合，防止打印件因热胀冷缩发生翘边、位移等情况。热床安装元件见表2-1-20所示，安装过程见表2-1-21。

热床安装元件　　表2-1-20

名　称	图　片	型　号	数　量
温度传感器		NTC 单端玻封热敏电阻 100K	1个
热床		Mk2b 12/24 双电源 214mm×214mm	1张
调平组件		M3 螺栓	4套
耐高温胶带		宽度 15mm	若干
套管	ϕ10mm		若干
导线	长度 400mm		若干

热床安装过程 表 2-1-21

1. 将温度传感器用耐高温胶带粘到热床中间位置	2. 焊接热床电源线，注意焊接端点（2 正极 3 负极）

3. 将热床用调平组件安装到平台框架上，保证螺栓旋入量一致，尽量旋紧	4. 将热床电源线和温度传感器导线套入套管内，并固定套管
	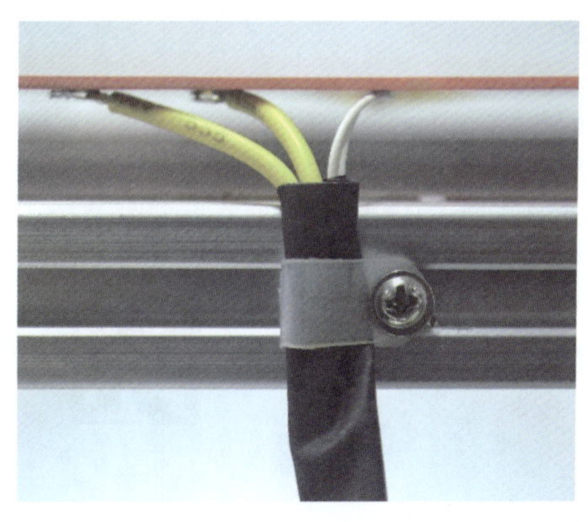
5. 将热床电源线接到大功率热床 MOS 模块 HOT_BED 上，无正负极区分	6. 将温度传感器插头插在主板 BED_TEMP 上，无正负极区分

六、外壳及外围电器元件安装

3D打印机外壳（图2-1-17）采用5mm亚克力板激光切割而成。外壳在保证美观的同时，进一步加强了打印机机架的刚性。外壳及外围电器元件见表2-1-22，安装过程见表2-1-23。

图2-1-17　3D打印机外壳

外壳及外围电器元件　　表2-1-22

名　称	图　片	型　号	数　量
外壳	加工图纸见附录13		1套
主板散热风扇		12025风扇/直流24V	1个
风扇保护网罩		12cm	1个
触摸屏		3.5寸	1块
触摸屏保护套		3.5寸	1个
FFC排线		长度250mm	1根

续上表

名　　称	图　　片	型　　号	数　　量
电源开关		带插座和熔断丝船形开关按钮	1个
SD卡模块		与控制主板配套	1个
紧固件	内六角半圆头螺栓 M5×10 配 T 形螺母		若干
	内六角圆柱头螺栓 M3×8 配 T 形螺母		2套
	内六角圆柱头螺栓 M3×35 配螺母		4套
	十字半圆头螺栓 M3×20 配螺母		4套
导线	—		若干

外壳及外围电器元件安装过程　　表 2-1-23

1. 将高硼硅玻璃用夹子固定在热床上	2. 手动转动丝杆，将打印平台降至最低，压到回零开关处

3. 测量喷嘴到玻璃之间的距离（约 174mm），备用	4. 手动转动丝杆，将平台升至中间位置，安装另一侧丝杆
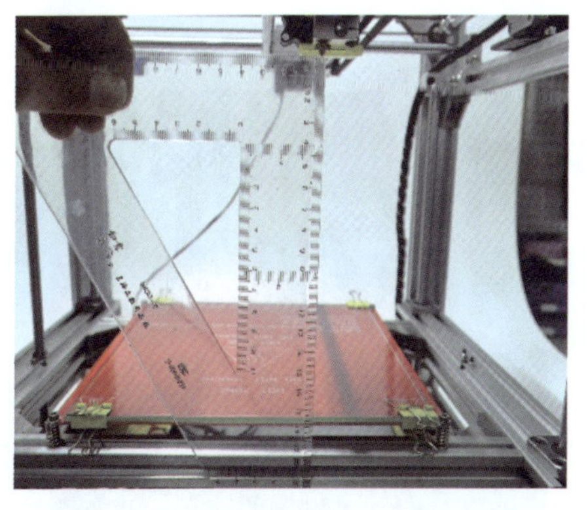	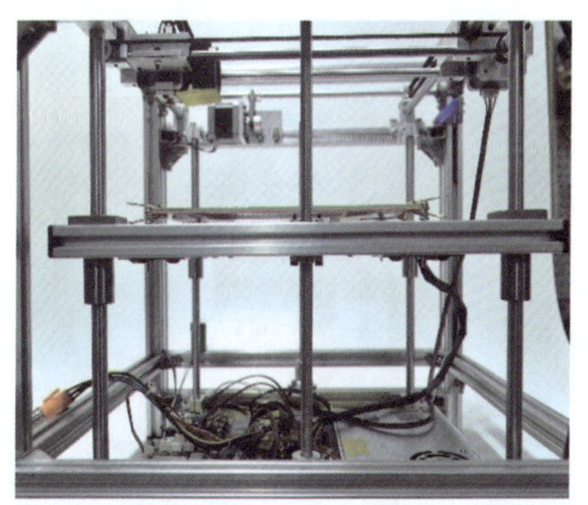

续上表

5. 用钢板尺测量两边平台框架纵梁到机架纵梁的距离，旋转丝杆保持两边尺寸一致	

6. 将插座用 AB 胶粘贴到左面板上	7. 焊接导线，套上黄腊管
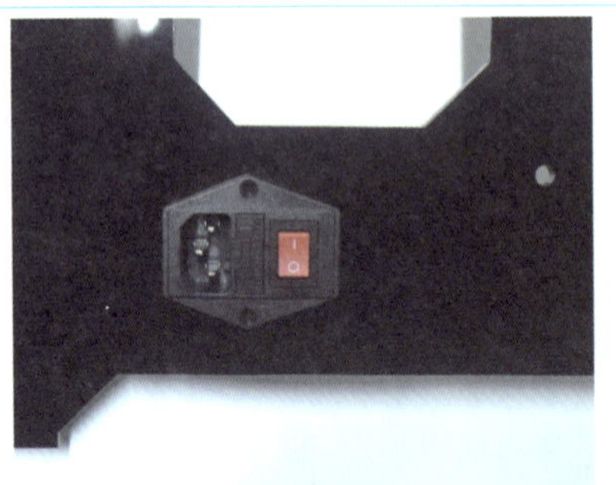	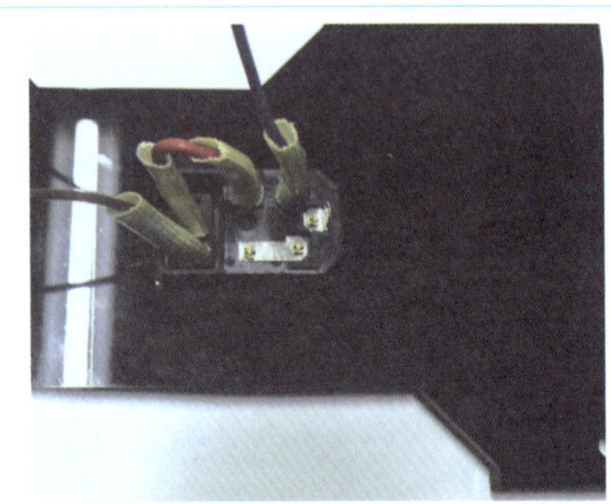
8. 安装左面板	9. 将插座导线接到断电续打模块 220V_IN 处

10. FFC 排线两面贴上屏蔽胶带，从主板下面穿过，插入 FFC 插口	11. 将 12025 风扇及保护罩安装到底部左面板上
	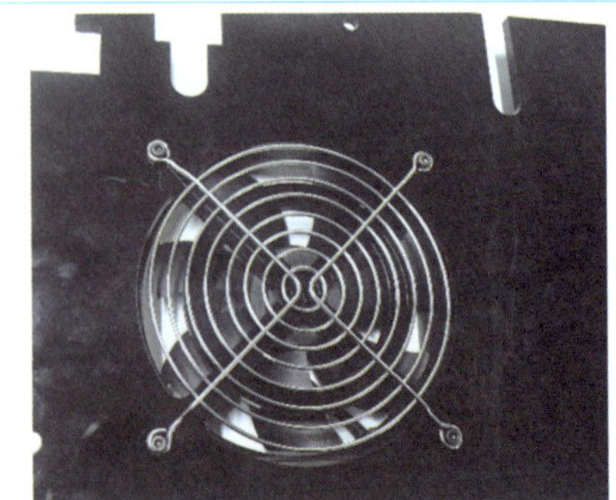

续上表

12. 将 12025 风扇电源线接到开关电源 OUTPUT24V 处，注意正负极	13. 安装底部左面板
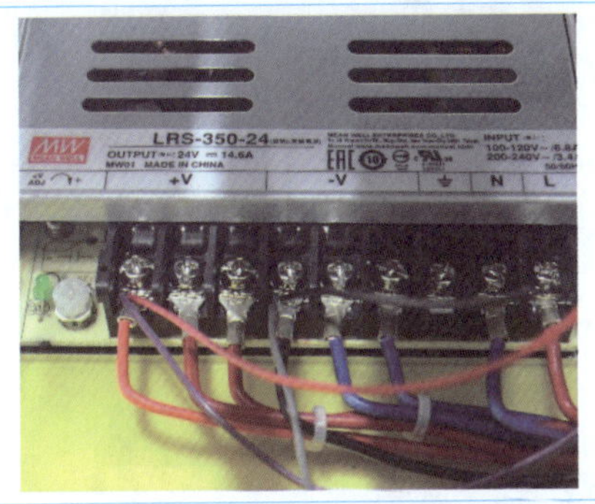	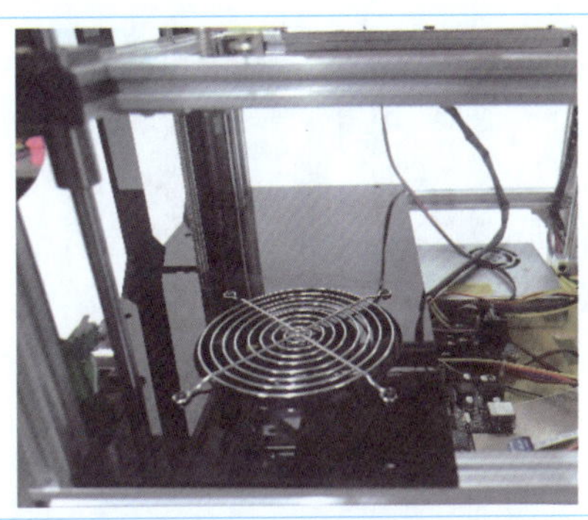
14. 安装 SD 卡模块，固定卡座时根据右面板 SD 卡孔口调整好位置	

15. 安装底部右面板	16. 将触摸屏及断电续打开关安装到前面板上
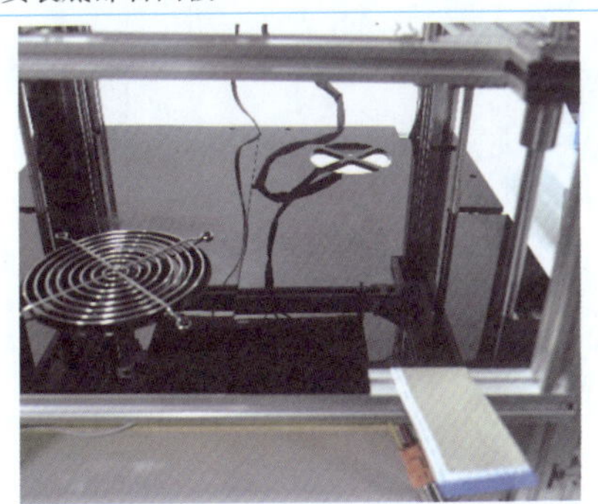	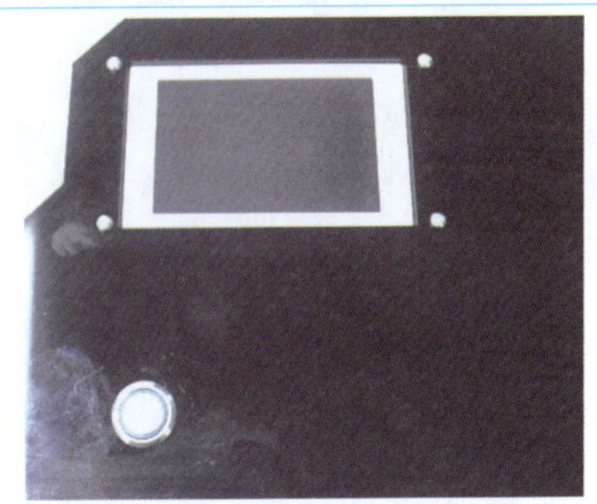
17. 插入 FFC 排线和断电续打电源线	18. 固定前面板
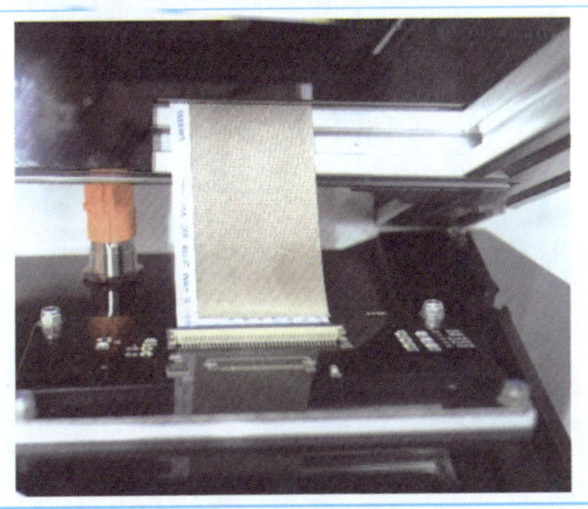	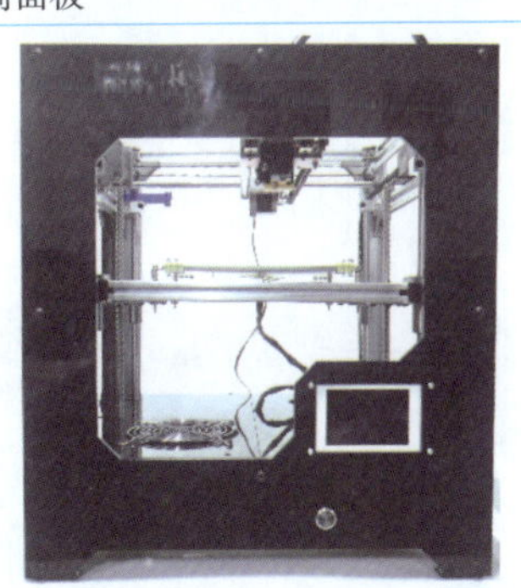

续上表

19. 固定右面板	20. 固定后面板

21. 固定上面板	
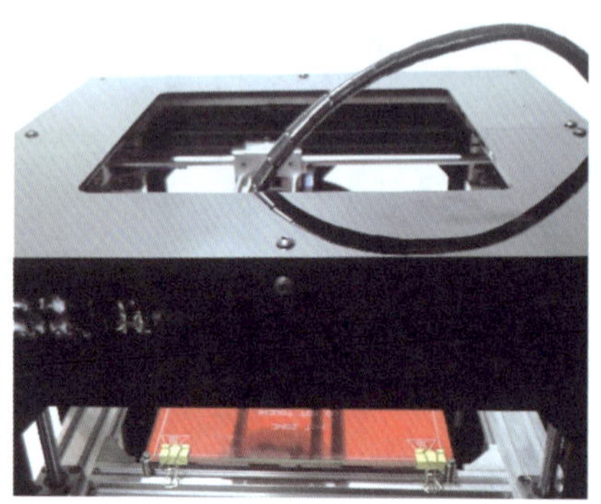	

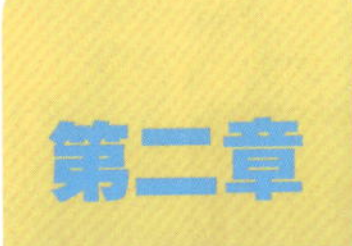

第二章 FDM 桌面级 3D 打印机调试

3D 打印机组装完成后，还无法立即使用，就像电脑需要安装系统一样，打印机也需要导入完整的机器参数，才能正常工作。机器参数主要用来定义打印机各轴移动方向和速度、温度控制、回零控制，以及其他各项功能，必须根据实际情况认真填写。赤兔系列主板的机器参数可通过 ChiTu Client 客户端软件生成，其全中文对话框形式的编辑方法相比 marlin 固件方便很多。

第一节 机器参数导入

一、机器参数编写

（1）打开 ChiTu Client 客户端软件，弹出如图 2-2-1 所示的界面。

图 2-2-1 ChiTu Client 客户端界面

（2）单击“赤兔主控”菜单，选择“ChiTu F”命令。

（3）单击“参数设置”命令，弹出参数设置界面（图 2-2-2）。选择 x、y、z 机型，根据实际情况并参考表 2-2-1 填写机器参数。

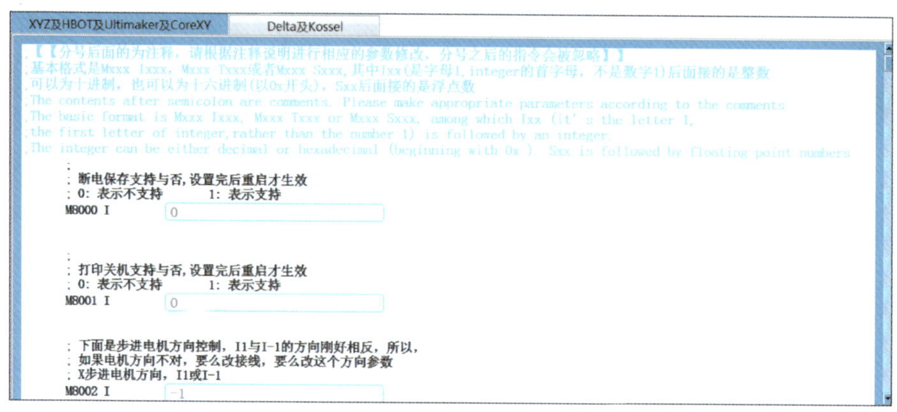

图 2-2-2 参数设置界面

参数设置参考表

表 2-2-1

参数	数值	说　明	参数	数值	说　明
M8000	I1	支持断电保存	M8022	I220	挤出头支持的最高温度
M8001	I1	支持打印关机	M8023	I60	热板最高温度
M8002	I–1	*x* 步进电动机方向	M8023	T0	使能温度检测
M8003	I1	*y* 步进电动机方向	M8024	I200	*x* 最大行程
M8004	I1	*z* 步进电动机方向	M8025	I200	*y* 最大行程
M8005	X0	*x* 轴方向 挤出头运动	M8026	I170	*z* 行程（组装测量的尺寸 –4）
M8005	Y0	*y* 轴方向 挤出头运动	M8027	I1	配置挤出头个数
M8005	Z1	*z* 轴方向 平台运动	M8027	Z1	双 *z* 单限位模式
M8006	I80	最大的起步速度	M8027	T1	热床加热
M8007	I25	最大的轨弯速度值	M8028	S0.00	退丝补偿
M8008	I1000	加速度	M8029	I0	单边零点限位（左前）
M8009	S0.0125	*xy* 每一步的 mm 值	M8029	T0	限位开关常开
M8010	S0.0025	*z* 每一步的 mm 值	M8029	S1	挤出头离平台最远时限位，限位接 *z*+
M8011	S0.01	出丝量调节	M8029	D0	禁止断料检测
M8012	I150	*xy* 运动的最大速度	M8029	P1	与 *x*、*y*、*z* 限位类型相同
M8013	I10	*z* 运动的最大速度	M8030	I0	风扇开头由切片软件控制
M8014	I120	挤出机的最大速度	M8030	I0 T–1	主板风扇不会随温度变化
M8015	I10	*z* 归零时的第一次归零速度	M8033	S8	切换挤出头时的退丝长度
M8015	S30	*xy* 归零时的第一次归零速度	M8034	I1	SD 卡支持文件夹的显示
M8016	I4	*z* 归零时的第二次归零速度	M8080	I0	机器类型为 *x*、*y*、*z* 普通类型
M8016	S4	*xy* 归零时的第二次归零速度	M8081	I2	温度传感器类型
M8017	I6	预挤出长度	M8085	I300	开机持续时间
M8018	I20	挤出机的最大预挤出速度	M8085	T0	进入屏保界面时间
M8019	I50	支持的最大退丝速度	M8085	P0	待机多长时间会关闭机器
M8020	S1.5	退丝长度	M8086	I1	软件分频
M8021	S1.75	耗材直径	M8087	I0 T0	没有外接驱动全部为 0
M8500	保存配置		—	—	—

（4）单击参数导出图标，将机器参数拷贝到 SD 卡上。

二、参数的导入（表 2-2-2）

参数的导入过程 表 2-2-2

1. 将 SD 卡插入右侧 SD 卡座	2. 打开电源开关
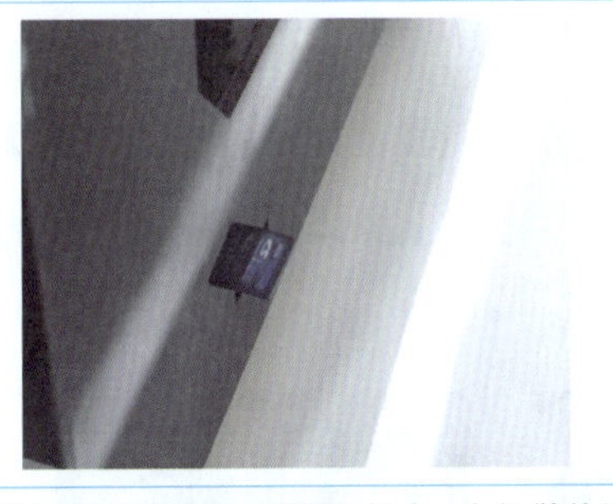	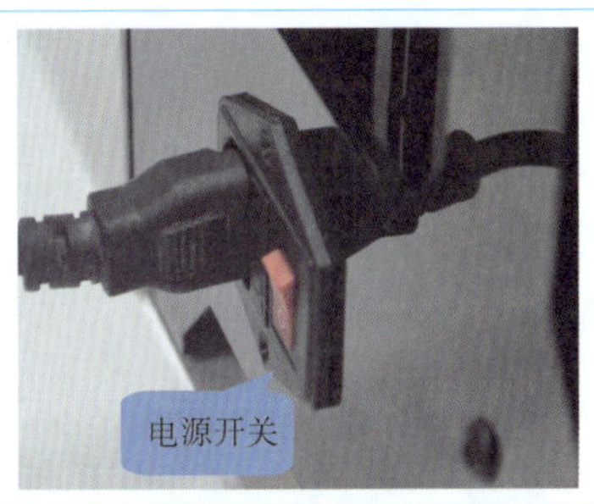
3. 按下断电续打按钮，触摸屏启动，主板散热风扇和散热管冷却风扇启动。若触摸屏无反应或风扇不转，立即切断电源，检查主板接线	

4. 点击“打印”按钮，选择机器参数文件	5. 单击 按钮开始打印
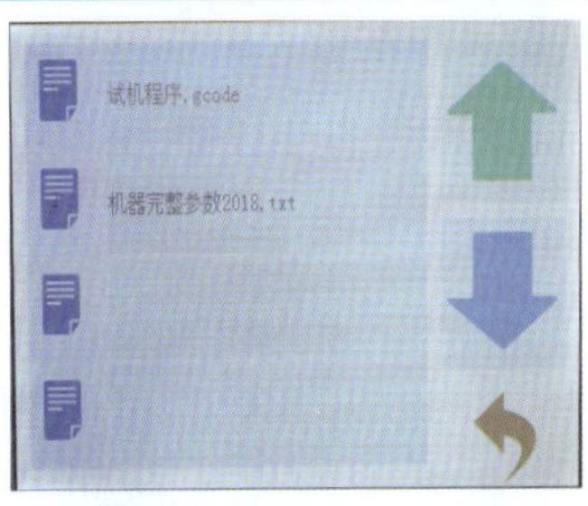	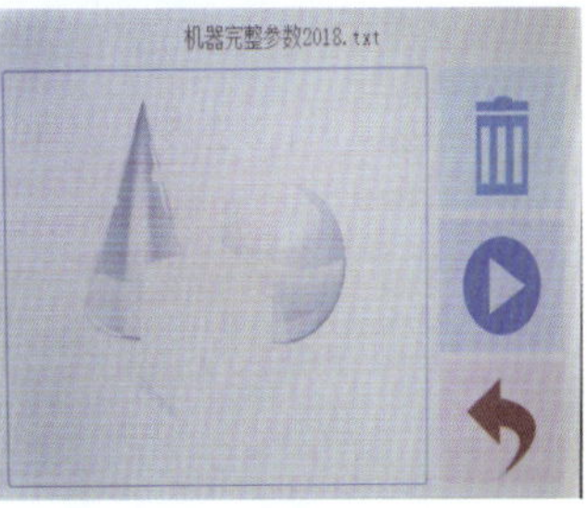
6. 两声提示音后，单击“是”确定	7. 按下断电续打按钮关机并重启
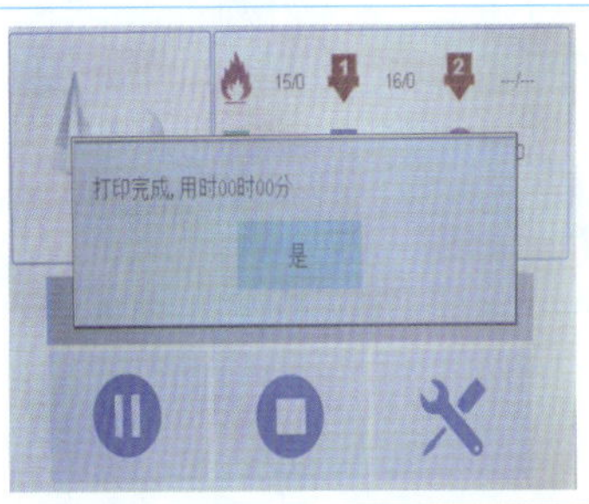	—

第二节　检查及调整

一、打印机元器件检查

1. 限位开关检查

在开机状态下，用手按下限位开关（图 2-2-3），主板应发出两声蜂鸣声。若无反应，对照组装图片，认真检查限位开关上的端子是否错接，主板上插口是否插错，或者机器参数 M8029 是否设置错误等。

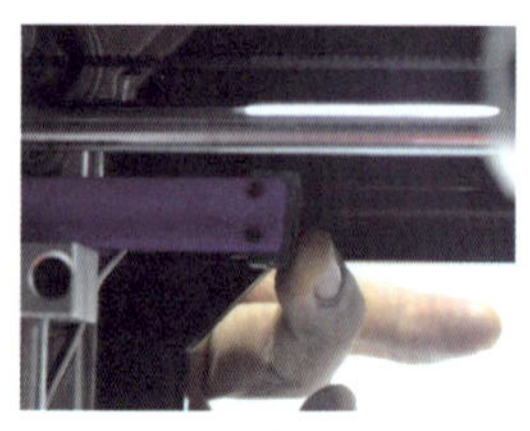

a) x轴

b) y轴

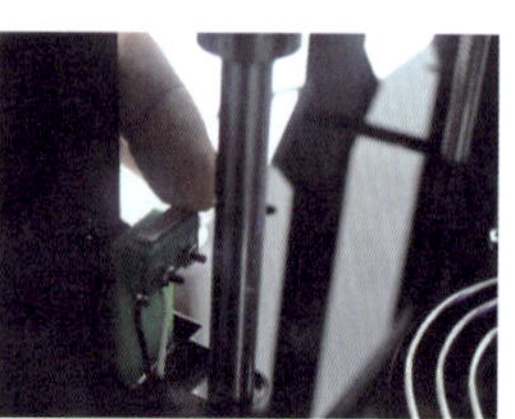

c) z轴

图 2-2-3　限位开关检查

2. 各轴移动检查

依次单击“工具”按钮、“手动”按钮，进入手动界面（图 2-2-4），选择步距“10mm”，单击三角形图标移动各轴，检查方向是否正确。如果方向相反，检查电动机线序是否错误，或者机器参数中定义步进电动机方向的数值是否错误。用钢板尺测量每单击一次的移动量是否为 10mm（图 2-2-5），如果移动量错误，重新计算机器参数中 M8009 和 M8010 的值。

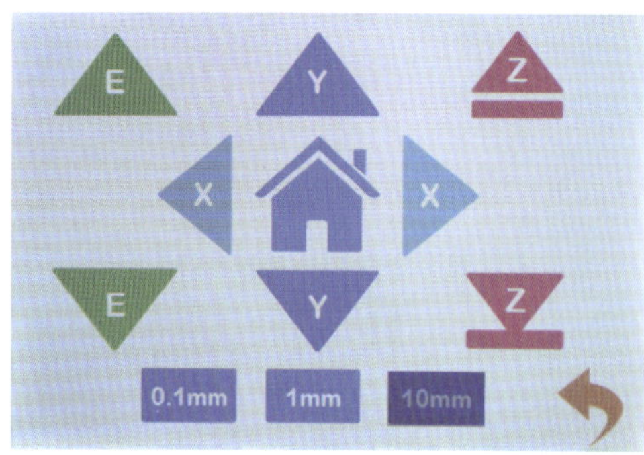

图 2-2-4　手动界面

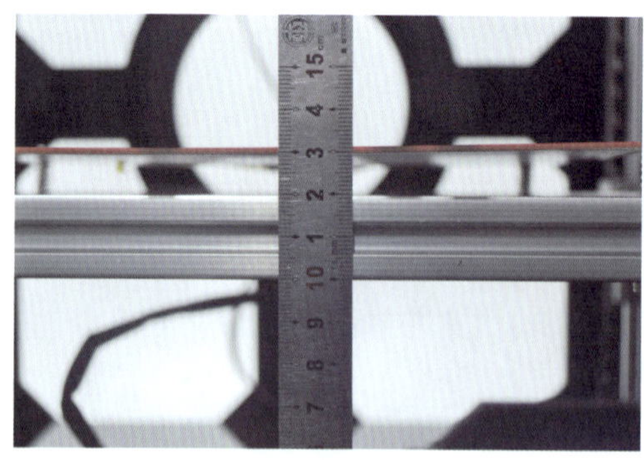

图 2-2-5　测量移动量

3. 温度传感器检查

依次单击“系统”按钮、“状态”按钮，进入状态界面（图 2-2-6），正常情况下打印头 1 和热床应显示室温（图 2-2-7）。如果显示异常，检查机器参数中 M8081 的数值是否正确。

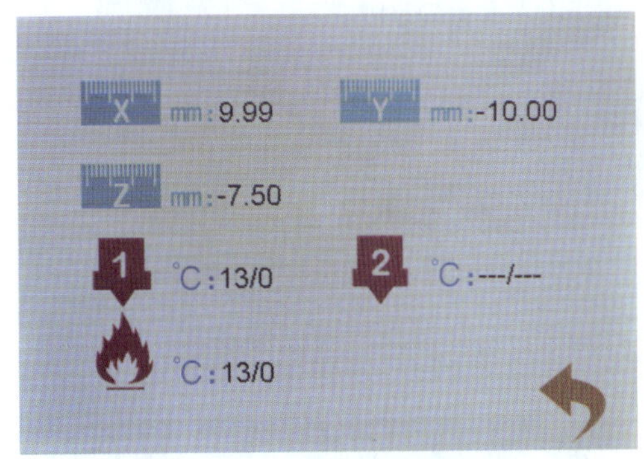

图 2-2-6 状态界面

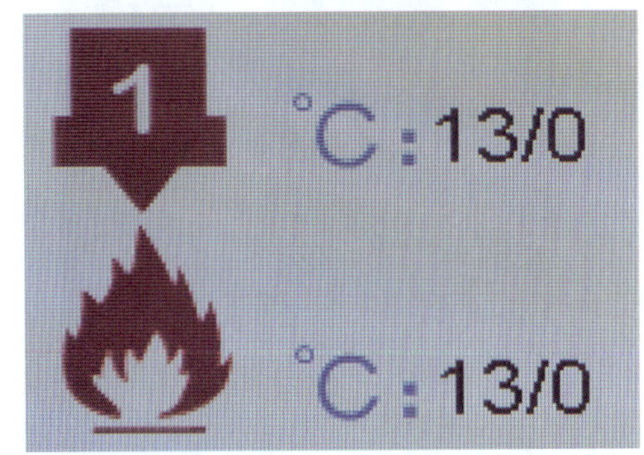

图 2-2-7 温度显示

4. 加热系统检查

依次单击“工具”按钮、“预热”按钮，进入预热界面（图 2-2-8）。单击三角形图标，设定预热温度（图 2-2-9），加热棒和热床持续加热到预热温度并保持。单击“紧急停止”按钮可停止预热。

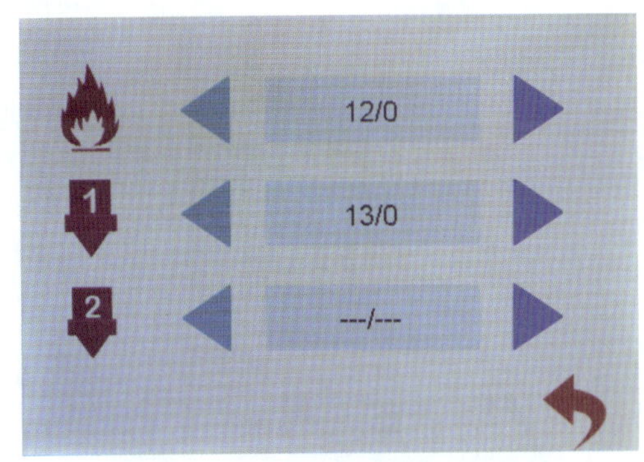

图 2-2-8 预热界面

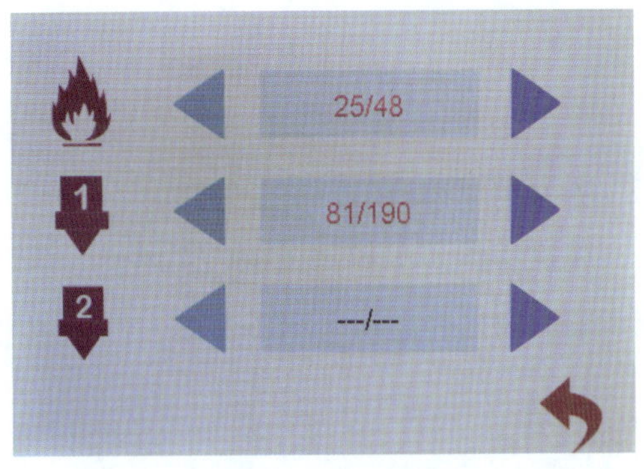

图 2-2-9 预热状态

5. 打印头出丝检查

将耗材挂在左侧挂架上（图 2-2-10），挂架图纸见附录 14。用手按下挤出机压紧轮扳手，穿入耗材（图 2-2-11）。

依次单击“工具”按钮、“装卸耗材”按钮，进入装卸耗材界面（图 2-2-12）。单击按钮，打印头开始加热，到达目标温度后挤出机进丝，观察打印头是否有耗材流出（图 2-2-13）。单击按钮停止装卸。

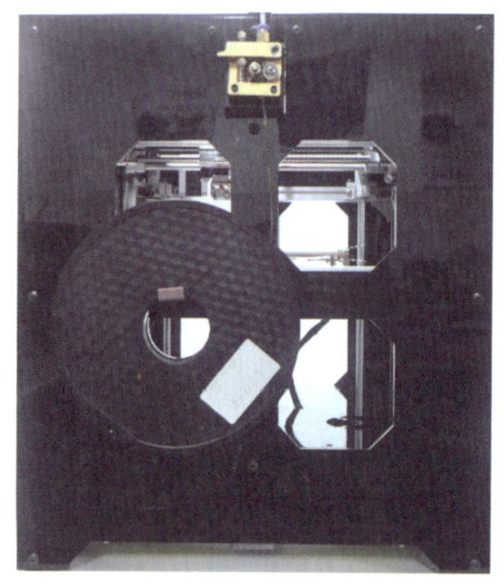

图 2-2-10　打印机左侧

图 2-2-11　穿入耗材

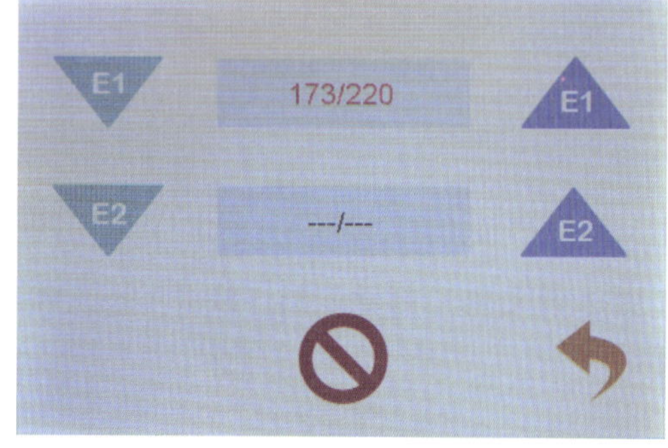

图 2-2-12　装卸耗材界面

图 2-2-13　耗材流出

6. 模型冷却风扇检查

依次单击“工具”按钮、“风扇”按钮，进入风扇界面（图 2-2-14）。单击三角形图标观察风扇是否启动（图 2-2-15）。

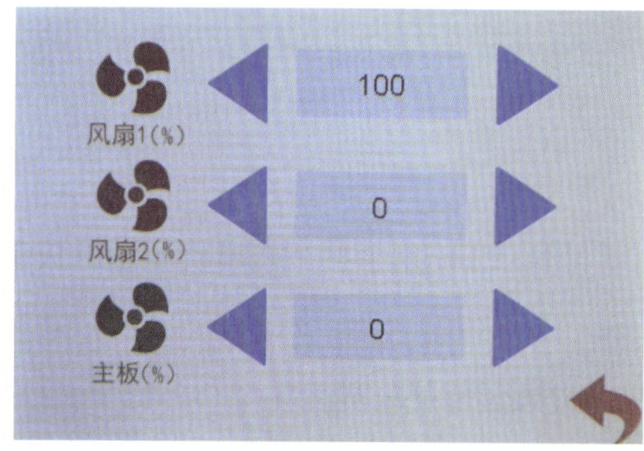

图 2-2-14　风扇界面

图 2-2-15　风扇状态

7. 回零状态检查

依次单击“工具”按钮、“手动”按钮、按钮，打印机自动回零，回零后打印头应位于热床左下角（图 2-2-16）。

二、打印平台调整

（1）在高硼硅玻璃上刮涂一层白乳胶，待干燥后用夹子固定到热床上，注意左下角夹子不要靠近螺栓，防止回零时夹子与打印头相碰（图 2-2-17）。

图 2-2-16　打印头回零后位置

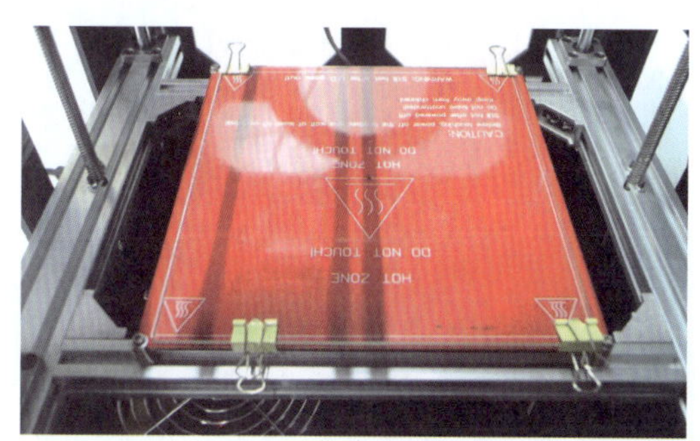

图 2-2-17　固定高硼硅玻璃

（2）打印机回零后，关闭打印机，用塞纸的方法调整打印头与高硼硅玻璃之间的距离（图 2-2-18）。如果旋松螺栓，弹簧已无回弹距离，打印头与高硼硅玻璃间还有一段距离，则需修改机器参数 M8026。合适的距离为纸条有拖拽感，四角要反复调整几遍。

图 2-2-18　调整打印头与高硼硅玻璃之间的距离

第三节　测试件打印

3D 打印机装调完成后，需通过打印测试件来检测机器的各项性能是否达标。测试件模型尺寸为 20mm × 20mm × 20mm 立方体，具体造型及切片方法见应用篇第四章第一节。

打印完毕后观察外观（图 2-2-19），看是否有断层、溢丝、变形等缺陷；测量长宽高尺寸（图 2-2-20），检查机器参数是否正确。

图 2-2-19　测试件外观

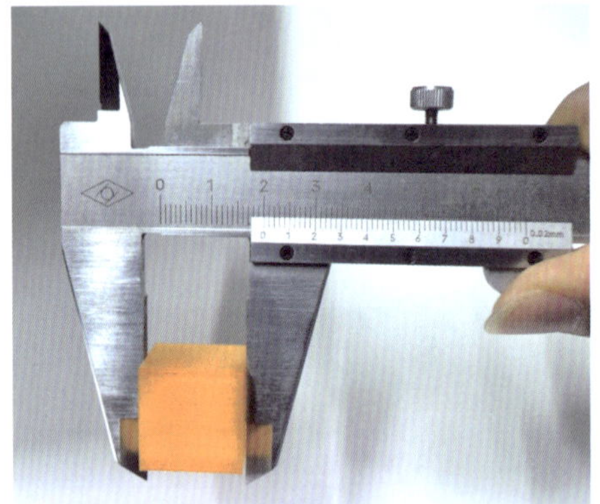
图 2-2-20　测量尺寸

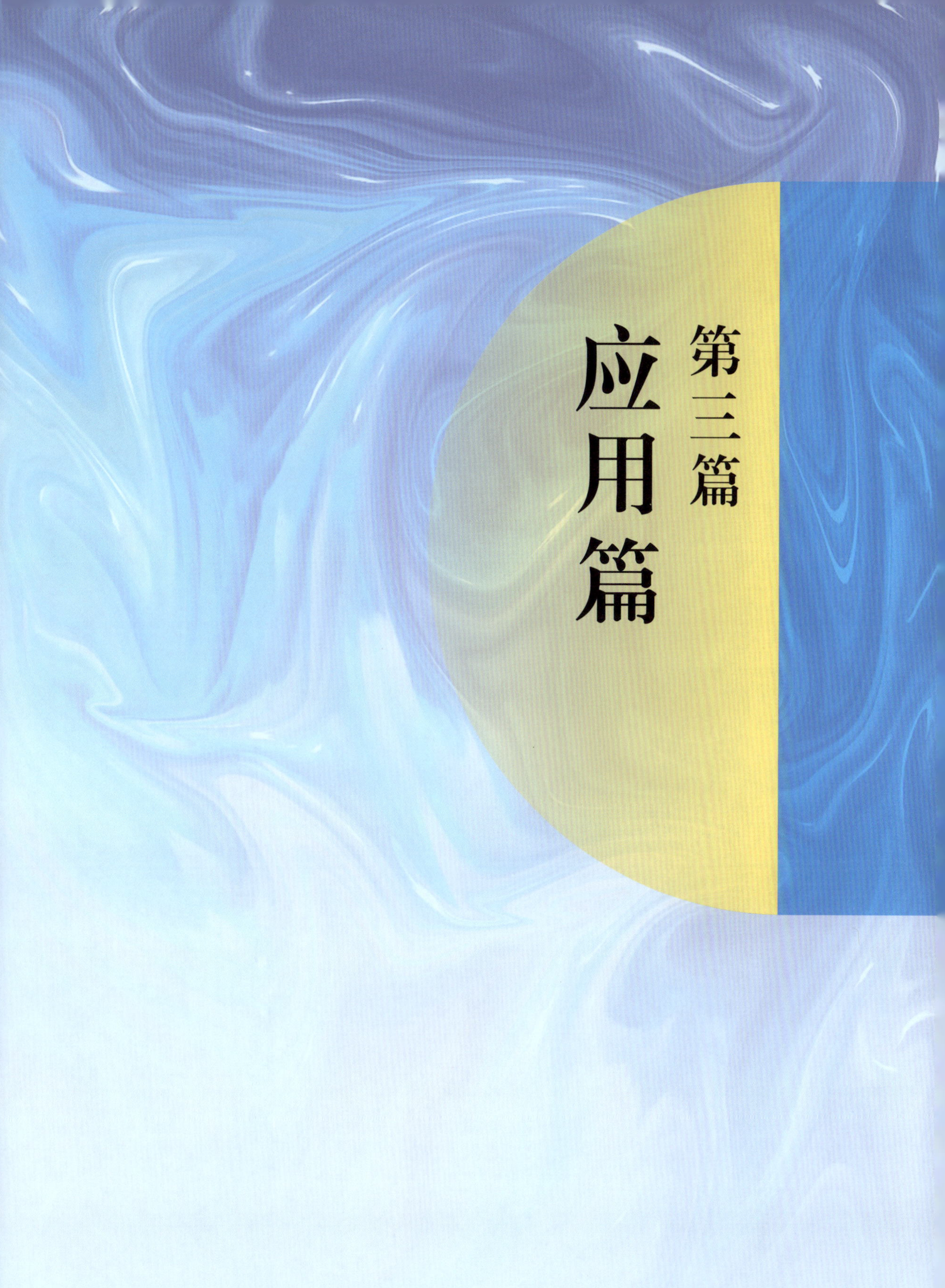

第三篇 应用篇

第一章 FDM 桌面级 3D 打印机操作

本章内容所涉及的 3D 打印设备为第二篇装调的 FDM 桌面级 3D 打印机。在实训过程中，我们一般采用脱机打印（打印机不连接电脑主机），这样既可以节省设备资源，又不受限于电脑主机的配置而造成打印过程卡顿。脱机打印时，所有操作需在触摸屏上完成，因此，正式进行打印前，必须熟悉触摸屏的各级菜单及功能。

第一节 触摸屏界面介绍

打开打印机主电源，按下断电续打按钮后，触摸屏点亮并显示主界面，包含系统、工具、打印三项菜单（图 3-1-1）。

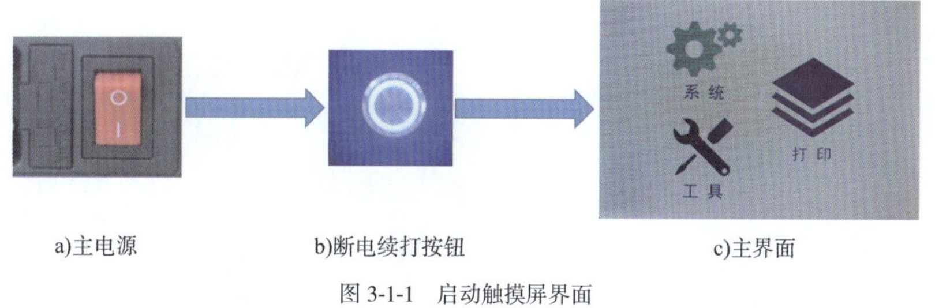

a)主电源 b)断电续打按钮 c)主界面

图 3-1-1 启动触摸屏界面

一、系统菜单

“系统”菜单见表 3-1-1。

“系统”菜单 表 3-1-1

	状态	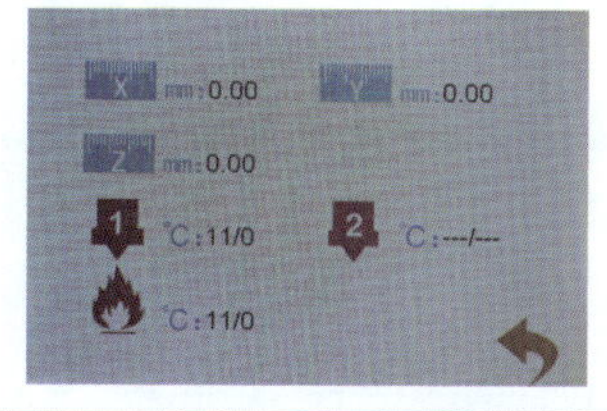	显示当前状态下打印头坐标位置及温度、热床温度

续上表

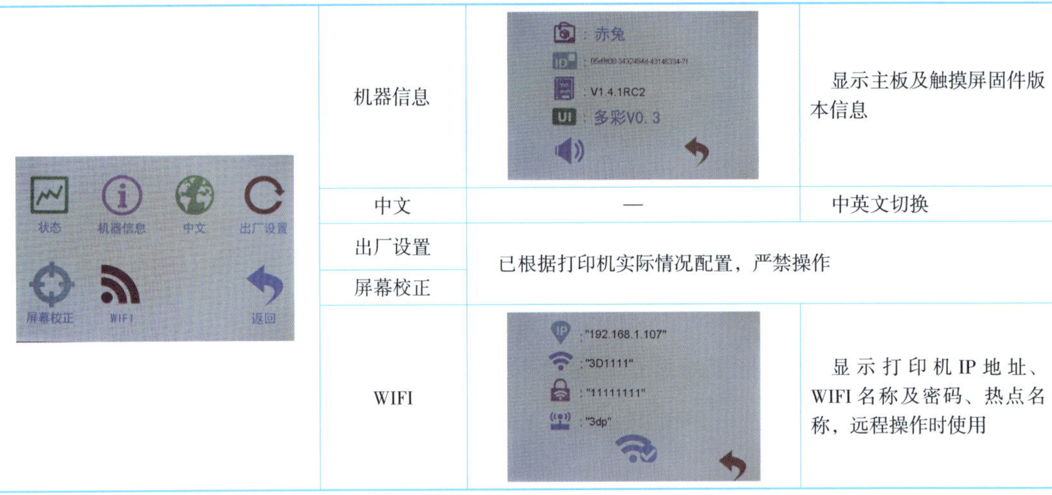

	机器信息		显示主板及触摸屏固件版本信息
	中文	—	中英文切换
	出厂设置	已根据打印机实际情况配置，严禁操作	
	屏幕校正		
	WIFI		显示打印机IP地址、WIFI名称及密码、热点名称，远程操作时使用

二、“工具”菜单

“工具”菜单见表3-1-2。

工具菜单 表3-1-2

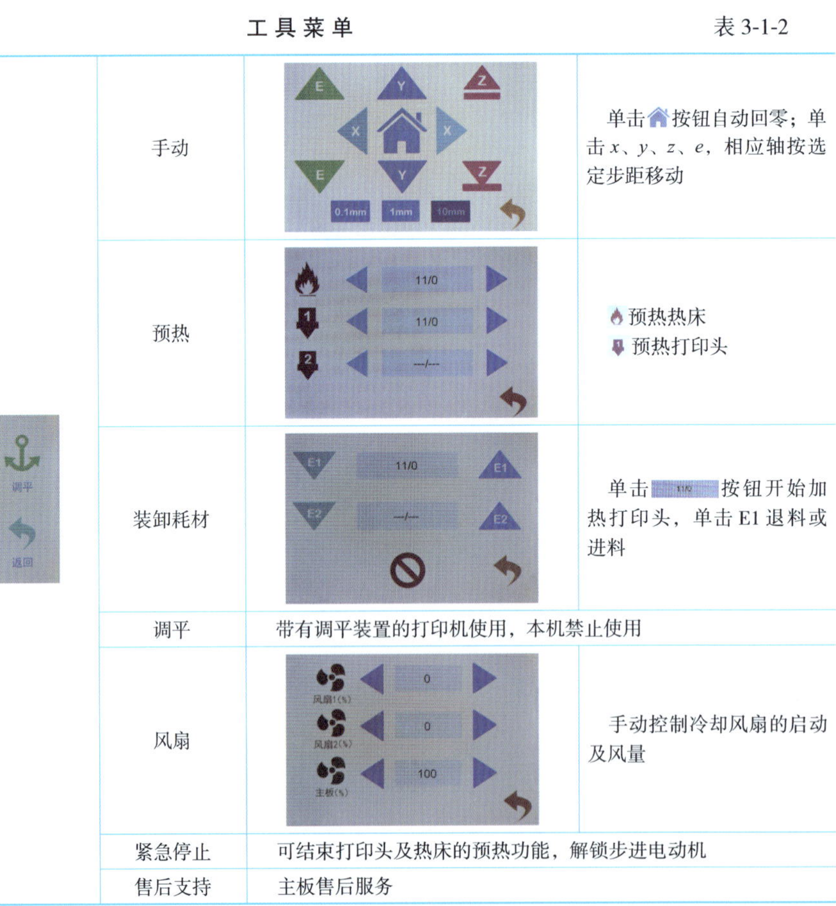

	手动		单击按钮自动回零；单击x、y、z、e，相应轴按选定步距移动
	预热		预热热床 预热打印头
	装卸耗材		单击按钮开始加热打印头，单击E1退料或进料
	调平	带有调平装置的打印机使用，本机禁止使用	
	风扇		手动控制冷却风扇的启动及风量
	紧急停止	可结束打印头及热床的预热功能，解锁步进电动机	
	售后支持	主板售后服务	

三、“打印”菜单

“打印”菜单见表 3-1-3。

“打印”菜单 表 3-1-3

 打 印	选择打印文件		上下箭头选择文件并单击
	开始打印	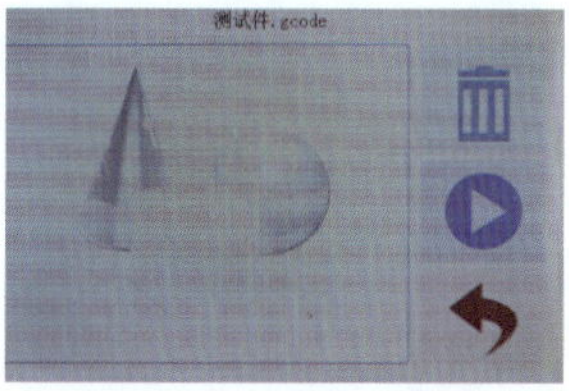	删除文件 开始打印
	打印状态		开始打印后显示温度、时间、速度等信息
	打印参数修改	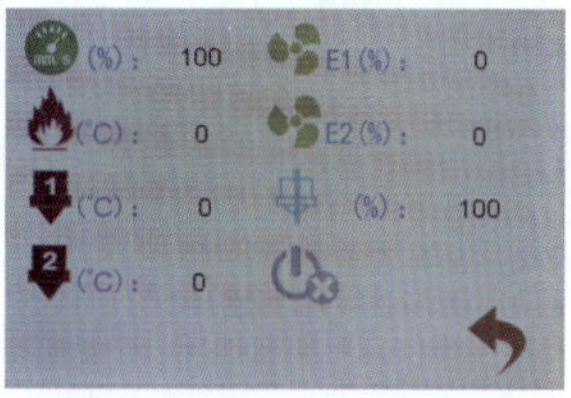	打印速度 冷却风扇 1 热床 冷却风扇 2 打印头 1 挤出倍率 打印头 2 自动关机
	停止打印		询问是否保存状态下次接着打印
	暂停打印		中途更换耗材时使用，单击“是”跳转至装卸耗材界面，单击“否”暂停打印

第二节　3D打印机使用前的准备工作

一、3D打印机的工作环境

3D打印机属于精密的机电一体化设备，打印时运动机构会高速移动，不平整的工作台面会使打印机振动，从而使模型表面产生缺陷。打印耗材对光、温度及湿度也特别敏感，强烈的光照会造成耗材硬化变脆，打印时容易绷断。温度的高低也会影响打印参数的设置，过高的室温使打印件无法快速冷却，造成变形。另外，实训室必须通风良好，防止空气中有害物质聚集，最好安装排风装置或新风系统。因此，3D打印机应放置在环境温度相对稳定的空间（图3-1-2）。

a)平稳摆放

b)靠窗处遮阳

图3-1-2　3D打印机工作环境

二、打印基板的准备

3D打印机上的PCB热床一般都存在扭曲现象，打印机无法直接在上面打印模型。为了解决这个问题，我们一般在热床上固定一块非常平整的打印基板，最常用的就是高硼硅玻璃。每次使用前必须认真检查玻璃有无破损，特别是有无局部剥落（图3-1-3）。

玻璃表面十分光滑，即使热床已经加热，有时还会出现翘边现象，打印胶带和打印胶水的使用能够有效解决这个问题。

打印胶带的表面有凹凸纹理及细小绒毛，可有效增强打印件第一层的黏合力。胶带越宽使用越方便，尽量整张玻璃粘贴。粘贴时胶带不能重叠，否则打印头容易勾到上层胶带

边缘。粘贴完毕后压平接缝处。（图 3-1-4）

a)局部剥落

b)正常玻璃

图 3-1-3　高硼硅玻璃检查

a)整张粘贴

b)接缝压平

图 3-1-4　打印胶带的使用

打印胶水可使用木工白乳胶代替，使用时滴少许白乳胶在玻璃上，用刮刀均匀刮涂，越薄越好(图 3-1-5)。将玻璃固定到热床上，手动开启热床加热至 50℃，胶水快速固化后(乳白色胶水变成透明状态)，才能开始打印。玻璃表面的胶水层在使用过程中如果没有缺损，可无限次使用；当有破损时，必须全部铲除(放到水中可快速软化胶水)，重新刮涂白乳胶。

a)刮涂胶水

b)刮涂后状态

图 3-1-5　打印胶水的使用

将高硼硅玻璃用夹子固定在热床上，注意左下角夹子的位置，不能靠边（图 3-1-6），防止回零时喷嘴与夹子碰撞。

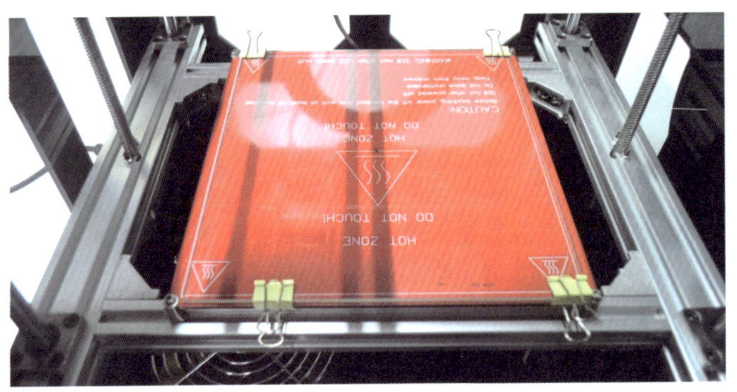

图 3-1-6　夹子固定位置

图 3-1-7　回零后打印头位置

三、开机回零初始化

刚开机时，3D 打印机无法识别当前各轴的坐标位置，直接移动各轴可能超程，最严重的情况就是向上移动 z 轴，使打印基板与打印头发生碰撞。因此，开机后必须先回零初始化。单击按钮，打印机自动回零（先回 x 轴，再回 y 轴，最后回 z 轴）。回零后打印头应处于打印基板左下角（图 3-1-7）。

四、打印基板与喷嘴之间的距离检查

为了使第一层打印时耗材能与基板粘牢，基板与打印头之间一般保持一张纸厚度的距离。回零后可用塞纸法调整平台与打印头之间的距离（图 3-1-8）。

图 3-1-8　塞纸检查

五、耗材准备

检查耗材有无断裂，颜色是否符合模型要求，如不符合则更换，过程见表 3-1-4。

耗材更换过程 表 3-1-4

1. 执行“工具”—“装卸耗材”命令，加热 E1 打印头，系统会自动加热到设定温度并保持	
  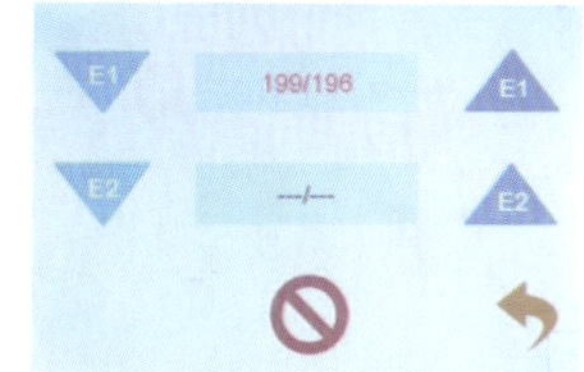	
2. 将耗材挂到支架上	3. 用斜嘴钳将耗材端部剪成斜面

4. 用手压下挤出机手柄，穿入耗材	5. 单击“进丝”图标，直到打印头有耗材流出
	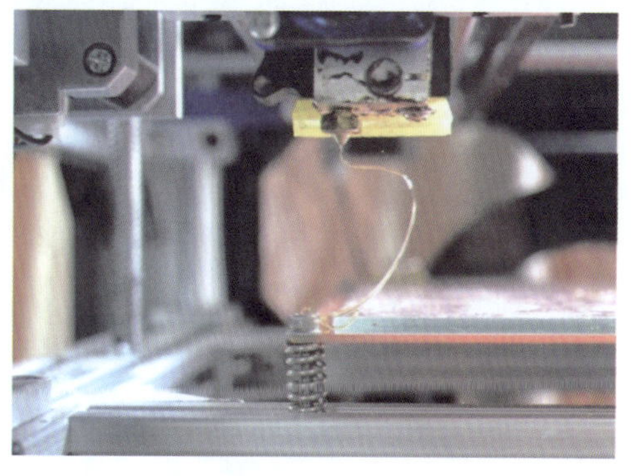

六、SD 卡的使用方法

本机可使用 SD 卡、手机 APP、无线 WIFI 传输程序，本文主要讲解 SD 卡的使用，方法见表 3-1-5。

SD卡使用方法 表3-1-5

<table>
<tr><td colspan="2">1. 借助塑料片取出SD卡（禁止在开机状态拔插SD卡）</td></tr>
<tr><td>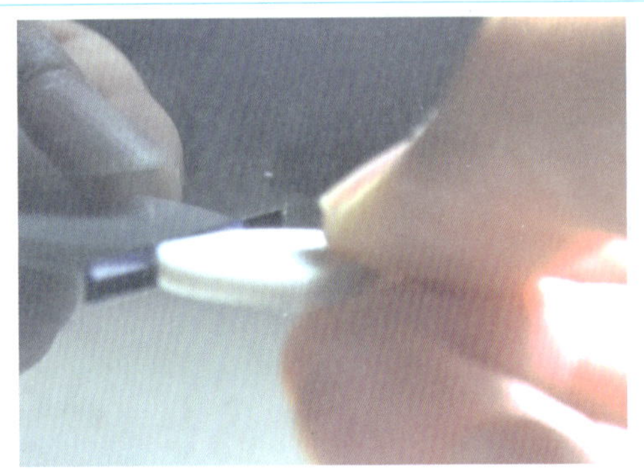</td><td></td></tr>
<tr><td colspan="2">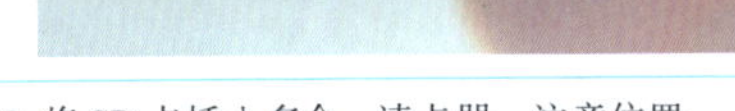</td></tr>
<tr><td>2. 将SD卡插入多合一读卡器，注意位置</td><td>3. 将读卡器插入USB端口拷贝Gcode文件</td></tr>
<tr><td>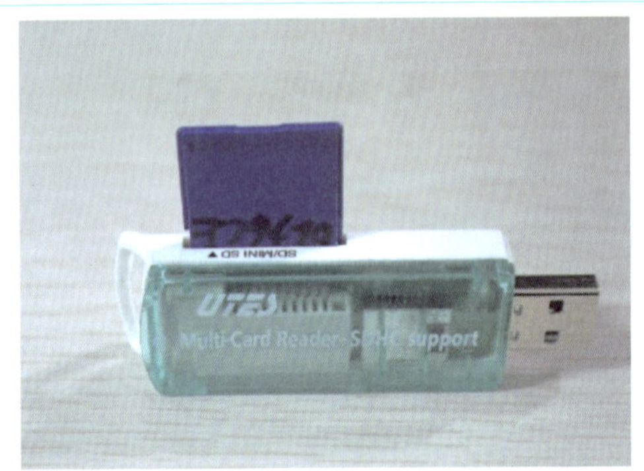</td><td>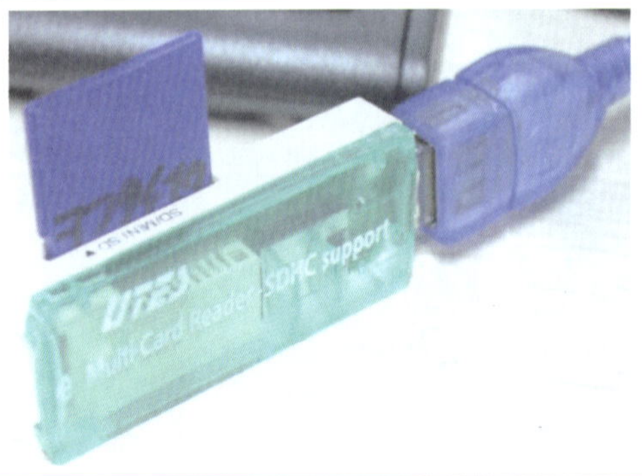</td></tr>
</table>

第二章 三维模型的创建

第一节 STL 文件简介

STL 文件格式（Stereolithography，光固化立体造型术的缩写）是由 3D Systems 公司于 1988 年制定的一个接口协议，是一种为快速原型制造技术服务的三维图形文件格式。STL 文件格式简单，应用非常广泛，已经成为目前所有 3D 打印系统所应用的标准文件类型。

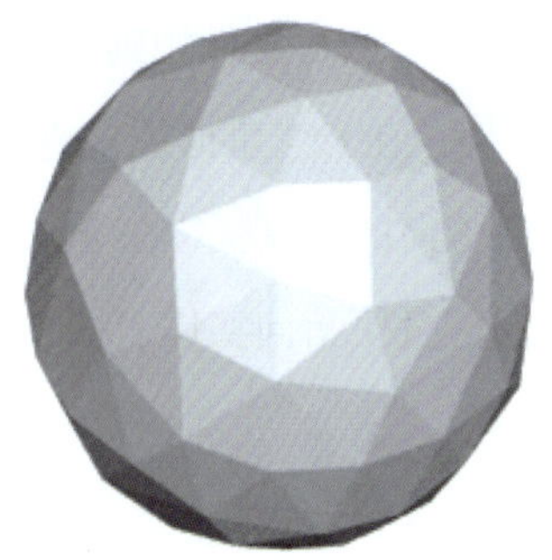

图 3-2-1 STL 模型

在快速成型和分层制造领域，STL 文件被广泛用于实体的表述。其原理是用一系列小三角形来重建实体表面的几何特征（图 3-2-1）。目前，几乎所有的三维 CAD 系统都提供将各自特定格式的实体表面转换成 STL 文件的功能。

一、STL 文件的精度

STL 文件用三角形来逼近实体模型。使用的三角形数量越多，SLT 模型就越接近实体的形状（图 3-2-2），但是文件的数据也将越大，对计算机的要求也越高。对于一般的 3D 打印不需要过高的精度。

图 3-2-2 STL 文件的精度

通常我们可以通过调整造型软件里面的参数来调整 STL 文件的精度。对于新手如果不知道如何设置，通常选择“高”预设值即可满足一般的 3D 打印文件需求。每一种 CAD 软件都有不同的参数来控制 STL 格式文件的精度，但是基本都会用到一个参数：弦差。弦差指三角形的轮廓边与曲面之间的径向距离（图 3-2-3）。弦差越小，小三角形就越逼近真实的表面。从本质上看，用有限的小三角面组合来逼近 CAD 模型表面是原始模型的近似拟合，它不包含邻接关

系信息，不可能完全表达原始设计意图，离真正的表面有一定的距离，在边界上有凹凸

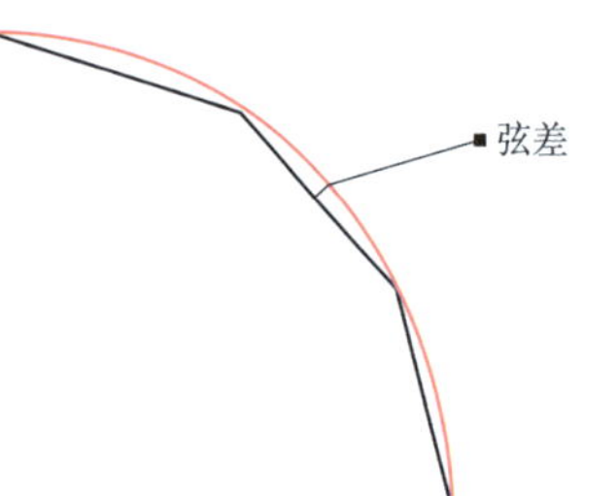

图 3-2-3　弦差的定义

现象，所以无法避免误差。推荐弦差取值为 3D 打印切片层厚的 1/20，但是必须大于 0.01mm。这个取值范围可满足本书 3D 打印零件所需的精度。

二、STL 文件的纠错

有时，相交的 CAD 实体或曲面生成 STL 文件时控制参数的误差会使 STL 文件产生各种缺陷，在打印前必须对 STL 文件的有效性进行检查，否则可能导致打印加工时出现许多问题，如原型的几何失真和支撑混乱等，严重时甚至导致死机。

1. STL 文件规则

（1）三角形取向规则。STL 文件中的每个小三角形的三个顶点在空间坐标系中都是有方向的，其法向矢量必须指向模型外侧，即三个顶点按逆时针顺序由右手定则确定的法向矢量要指向实体表面外侧。相邻三角形的取向不能矛盾。（图 3-2-4）

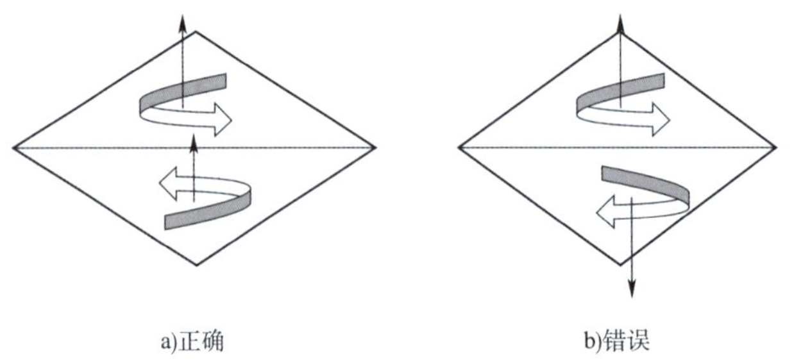

图 3-2-4　三角形取向规则

（2）三角形顶点规则。两个相邻三角形必须也只能共享两个顶点（图 3-2-5）。这就意味着不能有任何一个点落在其旁边三角形的边上，如图 3-2-5b）所示。

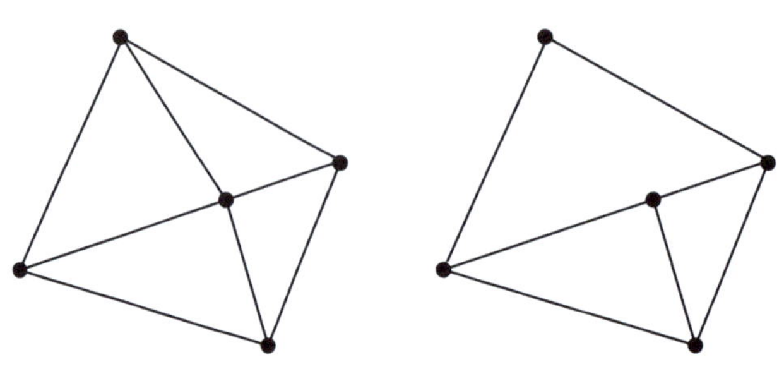

图 3-2-5　顶点规则

（3）“水密性”规则。STL 文件的“水密性”规则是指在三维模型的所有表面上必须布满小三角形平面，不得有任何遗漏（不能有裂缝或空洞），不能有厚度为零的模型，不能有孤立的点或线。如果有缺陷，则需要在专用的 CAD 软件中机械修复。

2. 常见的 STL 文件错误

（1）遗漏。尽管在 STL 数据文件标准中没有特别指明所有的 STL 数据文件所包含的面必须构成一个或多个合理的法定实体，但是正确的 STL 文件所含有的点、边、面和构成的实体数量必须满足如下的欧拉公式：

$$F-E+V=2-2H$$

式中，F 为面数；E 为边数；V 为点数；H 为实体中穿透的孔洞数。

如果一个 STL 文件中的数据不满足欧拉公式，则该文件必然存在漏洞。切片软件进行计算时是无法识别到这种错误的，这样在切片时就会产生某一边不封闭的问题，直接造成在打印过程中喷头或光束移动时漏过该边。

（2）退化面。退化面主要包括点共线和点重合两种。

（3）模型错误。产生模型错误的原因是 CAD 软件中原始模型的错误。

（4）法向量错误。在进行 STL 格式转换时，会因未按正确的顺序排列构成三角形的顶点而导致计算所得法向量的方向相反。为了判断是否错误，可将疑似有错的三角形法向量方向与相邻的一些三角形法向量进行比较。

第二节　常用三维建模软件介绍及 STL 文件输出

目前，三维建模软件已经广泛应用于人类生活的各个领域：从工业产品的零件造型、模型装配、模具设计和钣金设计等，到生活用品、服装、装修等。三维建模软件有直观化、可视化等优点，能大大缩短产品的设计流程和周期，得到了广泛的应用。下面我们介绍几种常用的三维建模软件。

一、3D One 简介

3D One 软件是广州中望龙腾软件股份公司（以下简称中望公司）的产品，中望公司是国产自主二维、三维 CAD 解决方案的标杆企业。3D One 软件是中望公司根据 6~23 岁学生（小学、中学、大学）的教育特点，开发出适用于青少年群体的 3D 打印设计软件。3D One 软件界面简洁、功能强大、易于上手，非常符合中小学生的开放思维创意操作模式，能够简单、轻松、快捷地表达创意想法，能让没有任何基础的学生，经过短短几个小时的学习即可用搭积木的堆砌、简单的拖拉操作方式，绘出自己的3D作品，并直接输出到3D打印机打印。

1. 3D One 软件输出 STL 文件

单击 3D One Plus 图标，在弹出的下拉菜单中选择“另存为”或“导出”命令，然后在“另存为”对话框或“导出”对话框中选择文件类型为“STL File”，然后单击“保存”按钮（图3-2-6）。

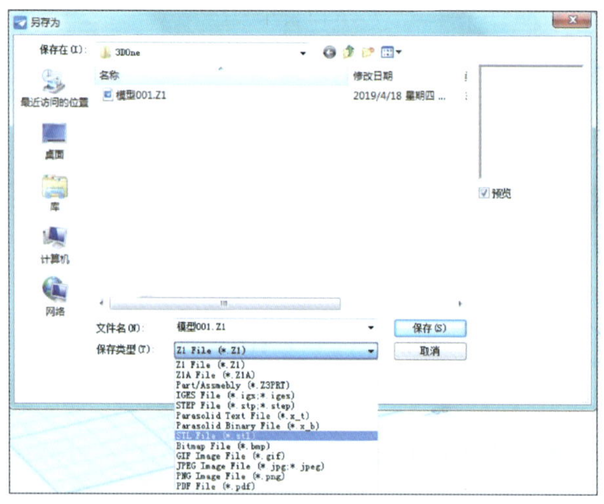

图3-2-6　3D One“另存为”对话框

2. 精度设置

在“另存为”对话框中选择STL文件类型后，单击对话框中的“设置选项”按钮（图3-2-7），在弹出的“STL文件生成”对话框中即可设置STL文件的精度（图3-2-8）。

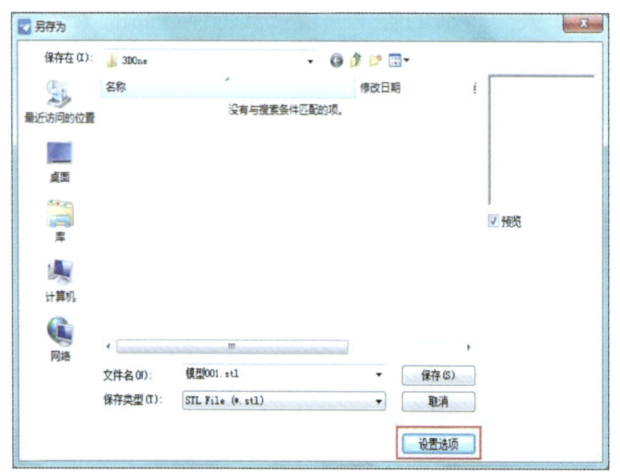

图3-2-7　3D one 设置按钮

图3-2-8　3D One STL文件精度设置

二、CAXA 3D 实体设计软件简介

北京数码大方科技股份有限公司（CAXA）是中国领先的工业软件和服务公司，是中国最大的 CAD 和 PLM 软件供应商，是中国工业云的倡导者和领跑者，主要提供数字化设计（CAD）、数字化制造（MES）、产品全生命周期管理（PLM）和工业云服务，是“中国工业云服务平台”的发起者和主要运营商。

CAXA 3D 实体设计是集创新设计、工程设计、协同设计于一体的新一代 3D CAD 系统解决方案。它提供的三维设计、分析仿真、数据管理、专业工程图等功能可以满足产品开发流程各个方面的需求。

CAXA 3D 实体设计的基本功能模块有零件设计、装配设计、钣金设计、工程图、标注件库、钢结构和焊接、PMI、动画渲染、机构仿真、数据接口、CAE（需单独购买）等。

1. CAXA 3D 实体设计软件输出 STL 文件

执行菜单栏的“文件”—“输出”—“输出零件”命令（图 3-2-9），在弹出的“输出文件”对话框中选择文件类型为“STL 文件”（图 3-2-10），单击“保存”按钮。

图 3-2-9　CAXA 3D 中的菜单栏

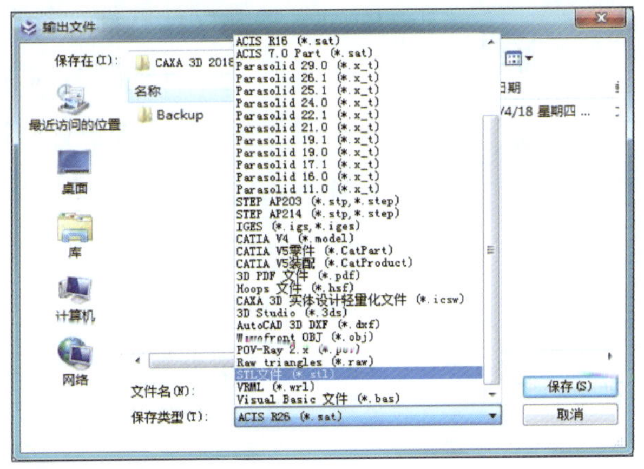

图 3-2-10　CAXA 3D“输出文件”对话框

2. 精度设置

在弹出的“STL 输出设置”对话框中系统默认是 ASCII 码文件，如果需要二进制文件需要在相应的选项前打钩。在“输出精度”选项中有三种精度，即“粗糙的”“精细的”和“定制”，可以选择所需精度（图 3-2-11）。

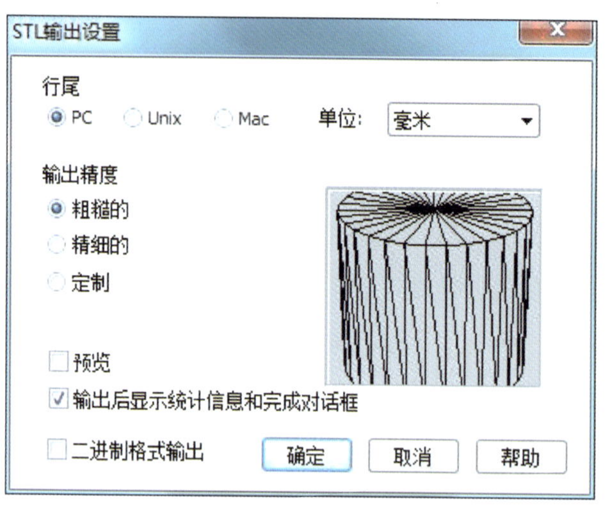

图 3-2-11　CAXA 3D “STL 输出设置”对话框

三、Autodesk Inventor 软件简介

Inventor 是美国 AutoDesk 公司推出的一款三维可视化实体模拟软件，即 Autodesk Inventor Professional（AIP），目前已推出最新版本 AIP2019。同时还推出了 iPhone 版本，在 App Store 有售。Autodesk Inventor Professional 包括 Autodesk Inventor 三维设计软件；基于 AutoCAD 平台开发的二维机械绘图软件 AutoCAD Mechanical；还加入了用于缆线和束线设计、管道设计及 PCB IDF 文件输入的专业功能模块，并加入了由业界领先的 ANSYS 技术支持的 FEA 功能，可以直接在 Autodesk Inventor 软件中进行应力分析。在此基础上，集成的数据管理软件 Autodesk Vault 应用于安全管理进展中的设计数据。

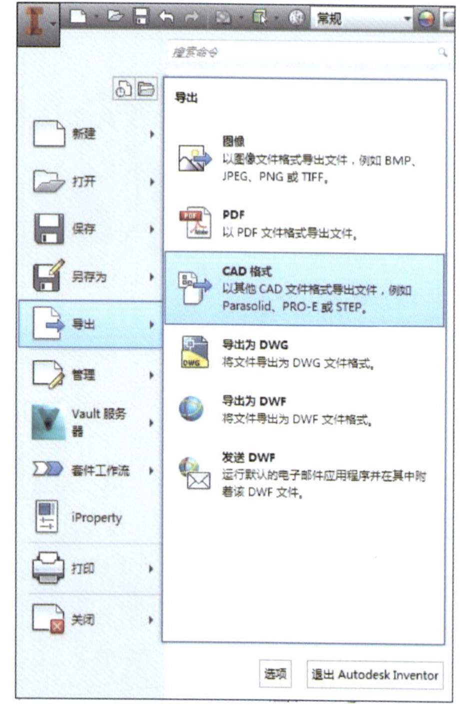

图 3-2-12　Inventor 软件的“文件”菜单

1. Inventor 软件输出 STL 文件

选择菜单栏，单击图标，选择“导出”命令，选择“CAD 格式”（图 3-2-12）。在弹出的“另存为”对话框中选择保存类型“STL”的文件，单击“确定”按钮即可输出 STL 文件（图 3-2-13）。

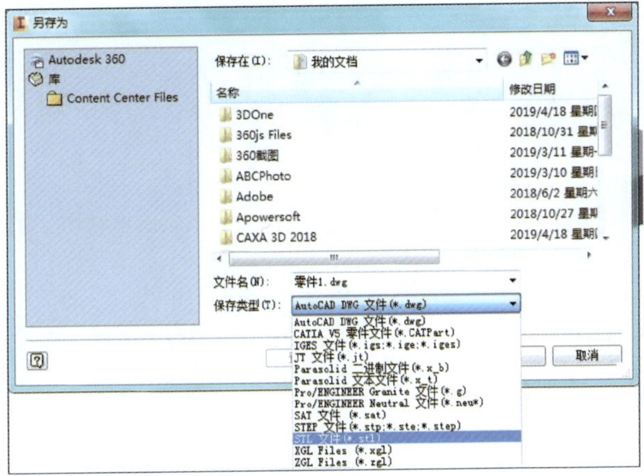

图 3-2-13　Inventor 软件“另存为”对话框

2. 精度设置

在“另存为”对话框中单击“选项”按钮，在弹出的“STL 文件另存选项”对话框中即可设置 STL 文件的精度（图 3-2-14）。

图 3-2-14　STL 文件精度设置

3D 打印软件 Repetier-Host 的应用

Repetier-Host 是 Repetier 公司开发的一款免费 3D 打印综合软件，该软件功能丰富，界面友好，可以实现模型切片、Gcode 文件修改、联机控制 3D 打印、更改某些固件参数以及其他一些小功能。Repetier 公司并不提供切片引擎，而是在该软件中外部调用其他的切片软件进行切片，如 CuraEngine、Slic3r 及 Skeinforge 等切片软件。

双击桌面快捷图标，弹出 Repetier-Host 软件主界面（图 3-3-1）。

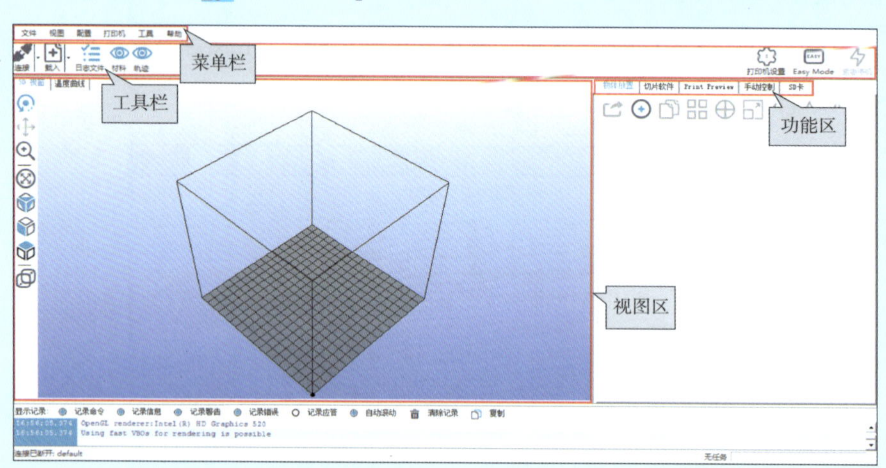

图 3-3-1　Repetier-Host 软件主界面

Repetier-Host 软件主界面包括菜单栏、工具栏、视图区和功能区四个部分，各部分菜单功能见表 3-3-1。

Repetier-Host 软件菜单功能　　表 3-3-1

界面区块	菜　单	功　能
菜单栏	文件	载入模型、保存 3D 视窗截屏等
	视图	3D 视窗视图方向选择、显示设置
	配置	语言选择、打印机设置、计量单位选择、软件选项等
	打印机	打印机及任务状态信息显示
	工具	配置固件时，同步带和丝杆传动参数计算器
	帮助	软件更新检查、主页及帮助页面等

续上表

界面区块	菜单	功能
工具栏	连接	联机控制时，连接被控制打印机
	载入	载入模型
	日志文件	选择是否在主界面下面显示日志文件
	材料	切片后选择是否在 3D 视窗显示打印移动轨迹（有耗材挤出）
	轨迹	切片后选择是否在 3D 视窗显示非打印移动轨迹（无耗材挤出）
	打印机设置	设置联机数据、打印机参数等
	Easy Mode	软件主界面简单模式选择按钮
	紧急停机	联机模式时，紧急状态下停止打印
功能区	物体放置	模型的大小、方向、数量等调整
	切片软件	设置切片参数，对模型进行切片
	Print Preview	打印文件的保存，打印信息统计，打印轨迹可视化预览
	手动控制	联机模式时，通过“命令”按钮手动控制打印机工作
	SD 卡	SD 卡中存储文件管理
视图区	3D 视窗	显示模型、打印轨迹
	温度曲线	联机模式时，显示打印头和热床的温度曲线
	切片软件配置	配置切片软件时，显示参数对话框

第一节 打印机设置

在模型切片或联机打印前，必须对软件中的“打印机设置”对话框中的内容进行填写，使得软件与当前使用的 3D 打印机各参数相匹配，否则无法联机，或者 Gcode 文件无法打印。

单击菜单栏中的“配置”菜单，选择“打印机设置”命令，或者单击工具栏中的打印机设置图标，弹出“打印机设置”对话框（图 3-3-2），主要包括“连接”“打印机”“挤出头”“打印机形状”等。

图 3-3-2 “打印机设置”对话框

一、连接设置

联机打印时，3D 打印机和电脑一般采用 USB 线连接，但 Repetier-Host 和 3D 打印机通过串口建立通信，所以要在电脑上安装 USB 转串口线软件（PL2303），可以在电脑设备管理器中查看 3D 打印机连接的端口号。

在“连接”对话框（图 3-3-3）中可以设置串口通信两个比较重要的参数“通讯端口”和“波特率”。“通讯端口”就是电脑和 3D 打印机主板建立连接的端口，“波特率”指的是打印机通信速度，即每秒钟电脑接收或发送的比特数。当前版本的 Repetier-Host 可以自动检测到可用端口，只需在下拉框中选择“Auto”即可。而波特率必须和 3D 打印机固件中设置的波特率相同，否则电脑和打印机无法正常通信，一般的值有 250000，115200，56000 等。另外一个比较重要的选项是“使用 ping-pong 通讯（只有收到应答信号 OK 后才发送）”，即只有软件收到打印机反馈的 OK 应答才会继续执行下一步指令。

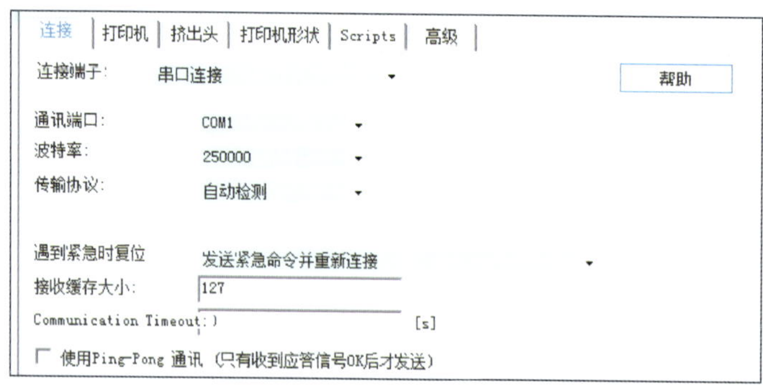

图 3-3-3 “连接”对话框

二、打印机设置

在“打印机”对话框（图 3-3-4）中可以选择固件类型，设置打印机的运动速度，以及挤出头和热床的缺省温度，这些设置主要用于联机打印时的手动控制。该对话框所有设置仅对联机控制起作用，断开连接后打印机中设置的参数不会变化。

（1）挤出头水平移动速度、z 方向移动速度、手动挤出回退速度要根据 3D 打印机实际参数填写。

（2）缺省挤出头温度和缺省热床温度要根据使用的耗材种类设置相应的值。

（3）“任务中断结束后回到停机位”一般不勾选，否则会增加模型与打印头碰撞的风险。

（4）“增加打印时间补偿”可以更加精确地估计打印时间。

（5）反转控制方向改变相应的轴运动方向。

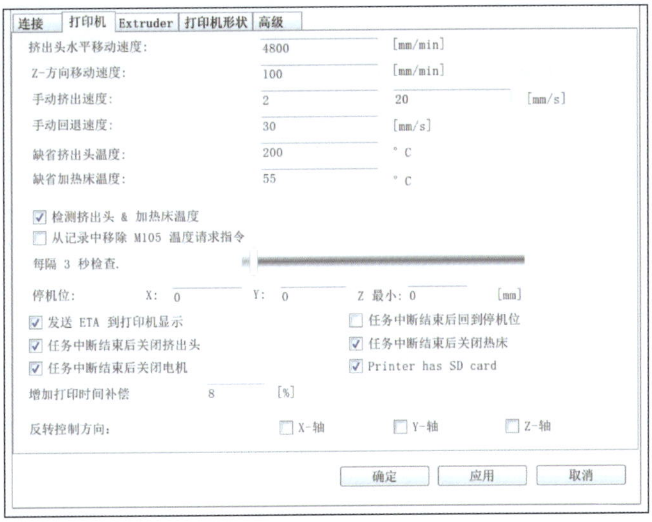

图 3-3-4 “打印机”对话框

三、Extruder 设置

“Extruder”对话框（图 3-3-5）主要设置挤出头的尺寸及温度。挤出头数目根据打印机的喷头数目设置。设置最大挤出头温度和最大热床温度是为了防止温度过高损坏打印机：如果软件检测到温度超过最大挤出头温度，会自动停止打印。喷嘴直径必须按实际情况填写，否则耗材挤出量会有误差。

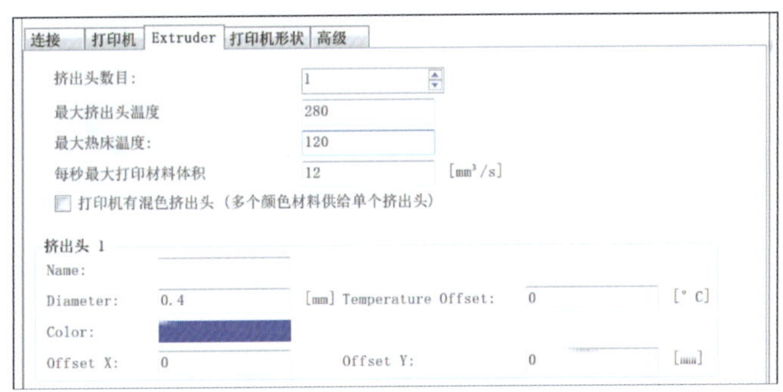

图 3-3-5 “Extruder”对话框

四、打印机形状设置

“打印机形状”对话框（图 3-3-6）要根据所使用的打印机实际情况进行设置，包括起始位（回零位置，有些打印机的某些轴回零位置在最大坐标位置）、打印机的实际坐标范围（一般都是从 0 开始）、热床的左前点坐标值和打印范围。这些参数都要准确设置。

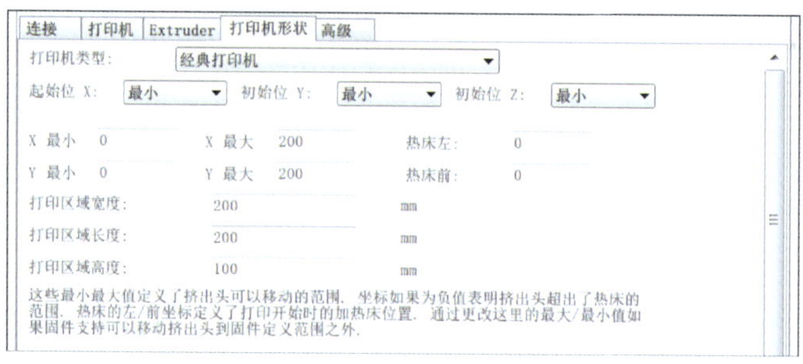

图 3-3-6　“打印机形状”对话框

如果使用的打印机是 Rostock 打印机（圆形打印机），那么需要在打印机类型里面选择 Rostock 打印机。

第二节　模型载入及变换

一、模型的载入及查看

选择工具栏中的“载入”命令，可以将 3D 模型（STL 格式）加载到软件中，确认视图区处于“3D 视窗”状态。载入后模型自动定位到平台的居中位置。平台的小方格尺寸为 10mm × 10mm，载入后可以预估模型的大小。下面以飞龙模型为例（图 3-3-7），讲解模型的查看功能。

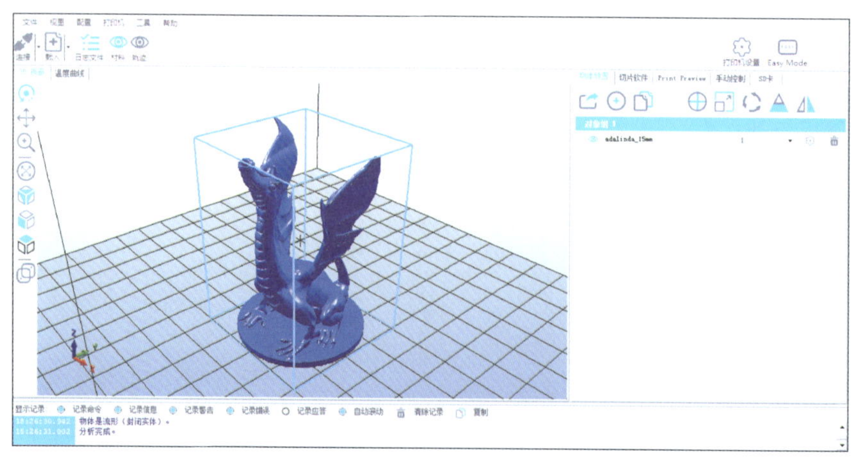

图 3-3-7　飞龙模型

1. 旋转

单击左侧视图工具栏中的“旋转”图标，按住左键即可旋转观察模型，或者按住中键移动整个视图。

2. 移动物体

单击左侧视图工具栏中的“移动物体”图标，按住左键可水平移动物体至平台任意位置，同时右侧显示模型在平台中的坐标值，也可以手动输入指标值，对模型进行精准定位（图 3-3-8）。

3. 缩放

单击左侧视图工具栏中的“缩放”图标，按住左键移动可缩放整个视图。

4. 最大化

单击左侧视图工具栏中的“最大化”图标，模型将以最大化方式显示在视图区。

5. 选择不同视角观察模型

执行菜单栏中的“视图”命令，可选择不同的视角观察模型，以及改变模型的显示方式。

二、模型的调整

模型载入后，可单击功能区的“物体放置”选项（图 3-3-9），对模型做相应的调整，如复制、缩放、旋转等。

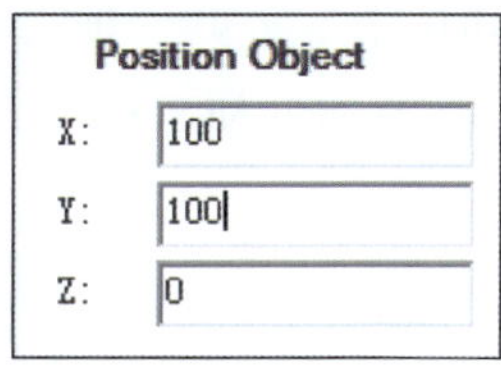

图 3-3-8　坐标输入

图 3-3-9　“物体放置”对话框

1. 增加物体

单击图标，弹出“增加模型”对话框，选择要增加的模型文件并打开，将在原有模型上再增加一个（图 3-3-10）。可以一次性打印多个模型。

2. 复制物体

单击图标，弹出“复制物体”对话框。填入拷贝数量，选择自动放置，单击“复制”按钮后在视图区增加相应数量的模型（图 3-3-11）。

3. 自动布局

有多个模型时，单击图标，模型将以最合理的位置在平台上放置。

图 3-3-10　多个物体载入

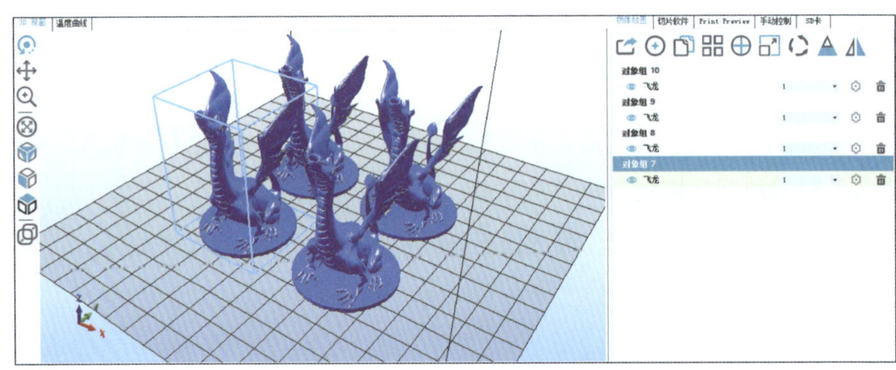

图 3-3-11　复制物体

4. 物体对中

只有单个模型时，单击图标，模型自动放置在平台中间位置。务必保证打印机形状里面的参数和打印机实际参数相等，否则会发现物体并不是在 3D 打印机平台中心打印。

5. 缩放物体

单击图标，弹出“缩放物体”对话框（图 3-3-12）。

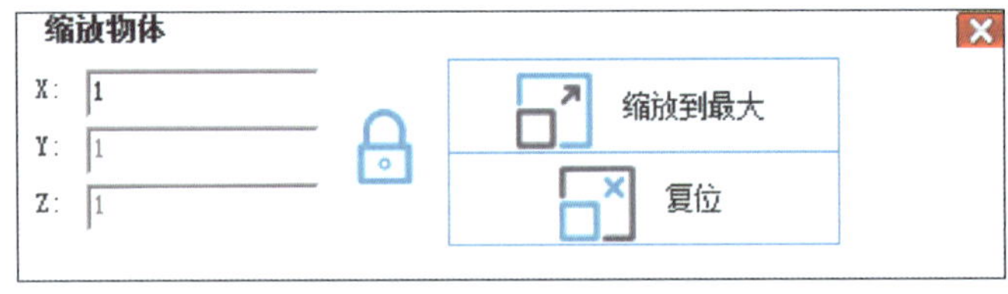

图 3-3-12　“缩放物体”对话框

（1）均匀缩放。当均匀缩放时，图标显示为，长、宽、高尺寸均匀放大或缩小，模型大小改变但比例不失调。

（2）非均匀缩放。单击图标，变为，处于非均匀缩放，此时 *x*、*y*、*z* 可按指定数值缩放，模型大小改变了，比例也会失调（图 3-3-13）。

（3）缩放到最大。单击 缩放到最大 图标，模型将放大至打印机可打印的最大尺寸。该尺寸在打印机设置里面的打印机形状中进行设置。

（4）复位。单击 复位 图标，模型恢复原始尺寸。

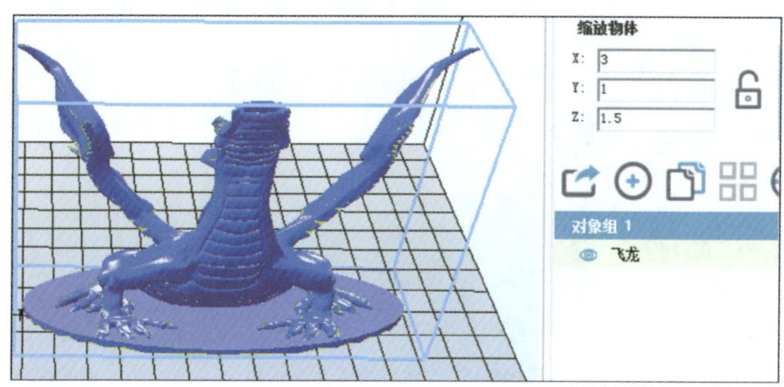

图 3-3-13 非均匀缩放

6. 旋转物体

单击 图标，弹出“旋转物体”对话框（图 3-3-14），只需要在相应轴输入旋转角度，就可以对模型进行角度调整了。

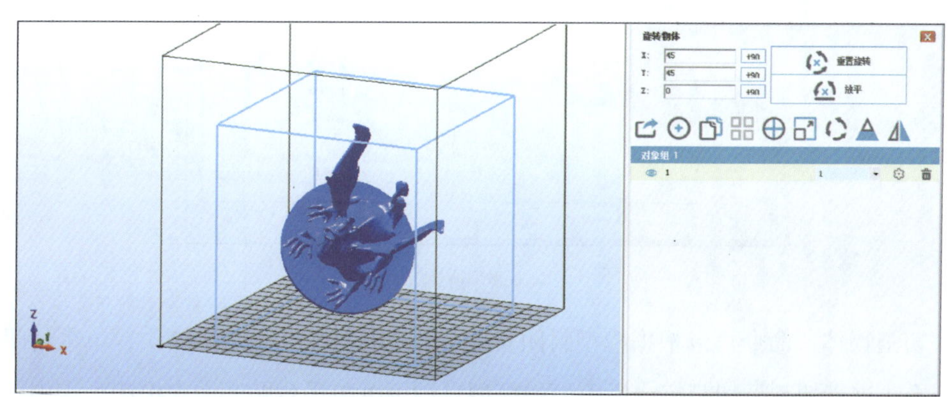

图 3-3-14 “旋转物体”对话框

为了将模型旋转到一个比较好的方位（模型底部比较平整或面积比较大），可以使用“放平”工具，软件会自动判断最佳方位（有时候不准）。

7. 切割物体

单击 图标，弹出“切割物体”对话框（图 3-3-15）。可以用平面将模型切割掉一部分，也可以通过控制切割面的位置、斜度和方位角去改变切割结果。切割完以后，切割掉的部分不参与切片，即不会被打印出来。

8. 镜像物体

单击 图标，将模型沿平面轴镜像。某些版本的软件无法进行此操作。

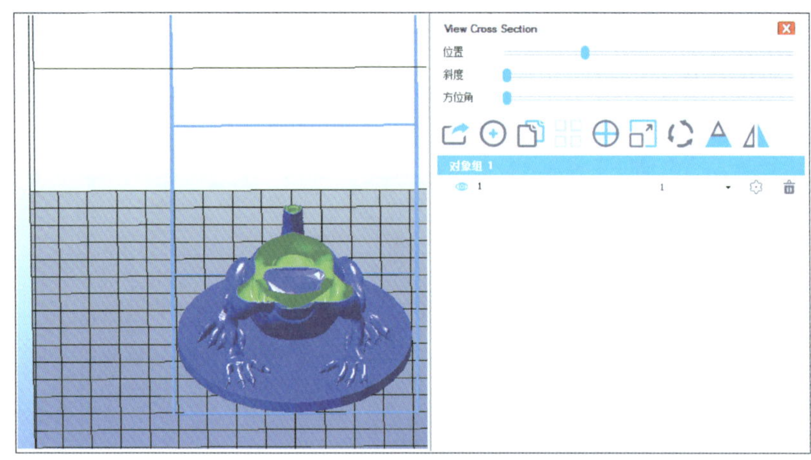

图 3-3-15 “切割物体”对话框

9. 查看模型信息

将功能区切换到“物体放置”对话框，单击模型列表右端的 按钮，弹出“模型信息”对话框（图 3-3-16），在“设定”选项中可以指定挤出机和物体（一般保持默认状态）。

图 3-3-16 “模型信息”对话框

“切割物体”命令可以根据模型封闭实体个数进行切割（图 3-3-17），单个封闭实体的模型无法进行切割。切割完成后上面的模型自动下沉与平台贴齐。在模型列表中可以选择性删除切割后的模型。

图 3-3-17 切割物体

当模型载入后，显示蓝绿两种颜色，说明模型不是封闭实体，切片后打印轨迹可能与实际不符。单击“法线修复”选项可以尝试修复模型（图 3-3-18）。

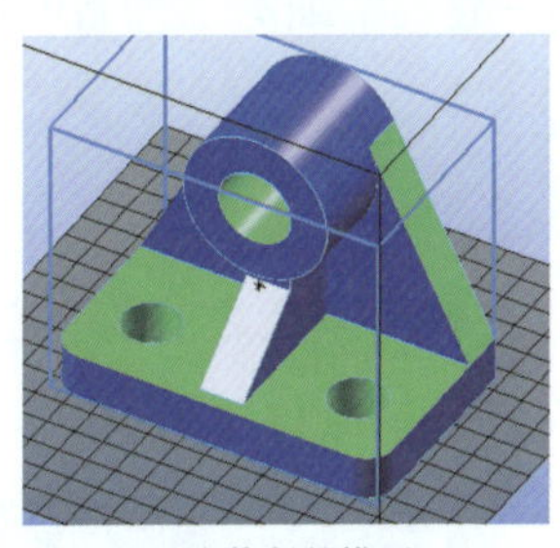

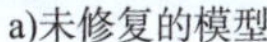

a)未修复的模型

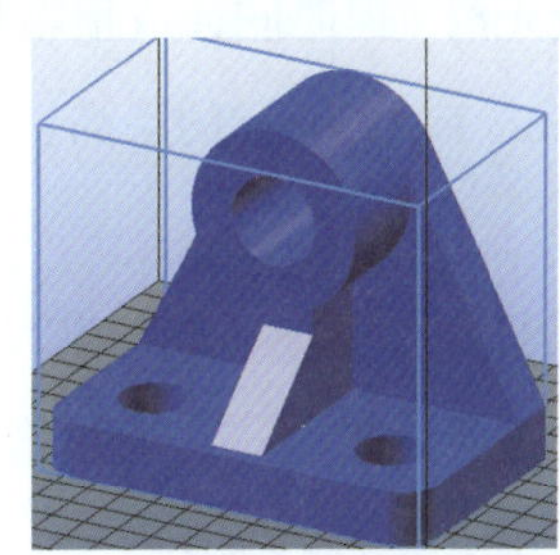

b)修复后的模型

图 3-3-18 法线修复模型

单击“分析结果”选项，可查看模型点、线、面等尺寸信息（图 3-3-19）。

模型信息

设定 | 分析结果

壳：	1	点：	49999	边缘：	149991
面：	99994	体积：	15.5122 cm³	表面积：	61.2983 cm²

大小：	X	Y	Z	分析	
最小值：	81.36 mm	55.00 mm	0.00 mm	Manifold:	未计算
最大值：	101.94 mm	126.63 mm	57.79 mm	法向：	未计算
尺寸：	20.58 mm	71.63 mm	57.79 mm	相交三角形：	未计算
				紧密相连：	未计算
				封闭边：	未计算

图 3-3-19 模型分析结果

第三节 切片软件 CuraEngine 参数设定

一、重要参数讲解

一般的打印件都不是实心物体，它由外壳、顶层、底层、支撑和内部填充等结构组成（图 3-3-20），每个结构都可以根据实际用途，通过修改切片软件中的参数来定义。

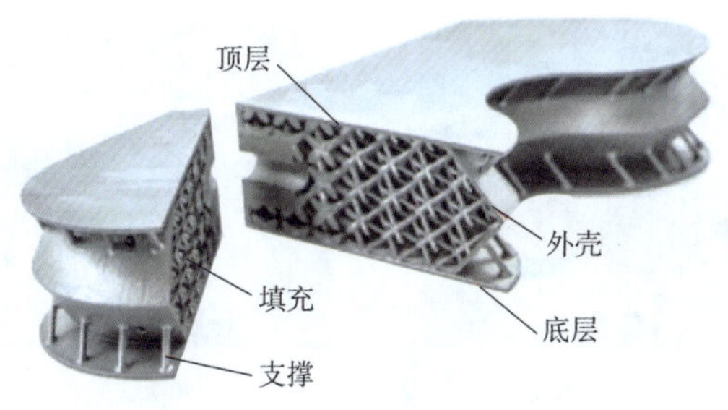

图 3-3-20 打印件结构组成

1. 层高

层高是指每层打印的高度（图 3-3-21），被视为 3D 打印中的分辨率。层高越小，打印出来的模型表面越光滑，但时间会成倍增加。一般较精细的工艺品可选择 0.1mm 的层高，大型结构件选择 0.2 mm 或 0.3 mm 的层高。

2. 外壳厚度

外壳厚度指的是打印件壁厚（图 3-3-22），在打印填充之前的实心打印部分。外壳厚度是影响成品强度的主要因素之一，通过增加尺寸，可以打印出更厚、更结实的外壳。

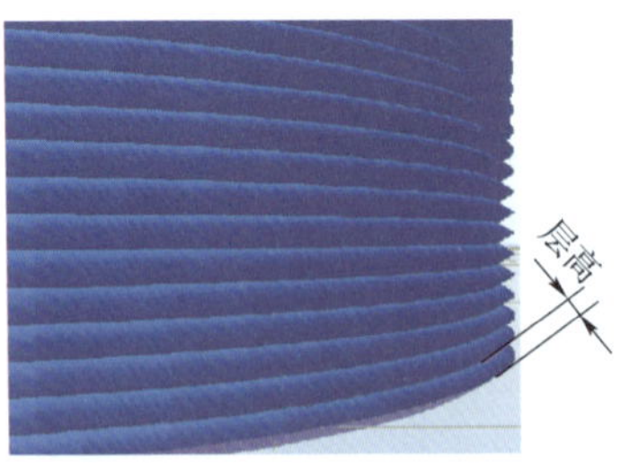

图 3-3-21　层高

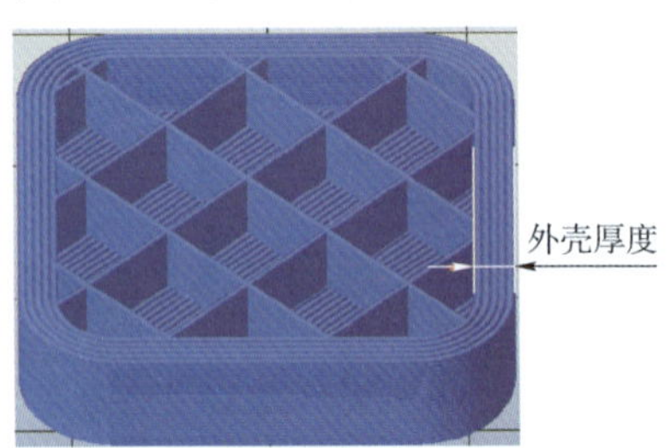

图 3-3-22　外壳厚度

3. 顶层 / 底层厚度

顶层 / 底层厚度是指顶层和底层的实心填充厚度（图 3-3-23）。一般平坦的顶面，1mm 就可以封闭填充。

图 3-3-23　底层厚度

4. 填充密度

填充是被外壳包围的打印件内部结构（图 3-3-24）。填充的参数用百分数来表示：如果把填充设置为 0%，就会得到一个空心的模型；100% 的填充相对应的就是一个实心的模型。一般情况下可以根据自己的需求来调整填充密度。如果对模型的强度有要求就可以把参数设置得高一点，如 20% 以上。一些装饰性的摆件模型强度要求不高，填充密度可以设置为 10% ~ 20%。正常来说如果没有特殊要求都不建议将这个参数调整到 50% 以上，填充太高不仅打印时间会变长而且会浪费很多材料。

a)20%填充

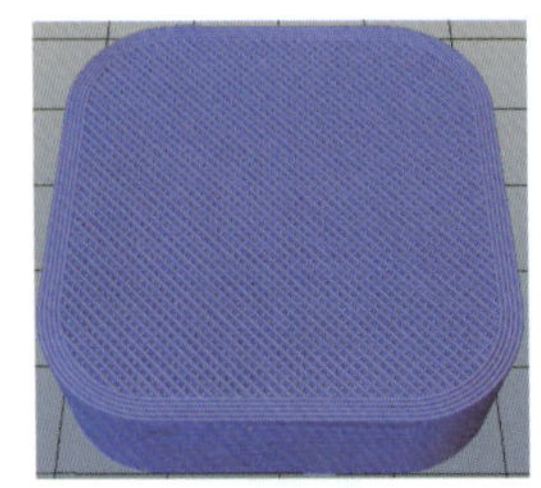

b)50%填充

图 3-3-24　填充密度

5. 支撑

支撑是对模型悬空部分起到支撑作用的结构。对于一些复杂结构的模型，支撑的存在往往是必不可少的，就像桥梁的桥墩一样。打印机在打印过程中一层一层地进行搭建，当开始打印模型的一些悬空或者接近悬空的结构时，还由于没有底层的基础很容易发生坍塌。可以通过对支撑临界角的修改来控制添加支撑数量的多少，为了方便拆卸支撑还可以对支撑结构与模型之间的距离进行修改，等等。不同类型的支撑影响打印件的最终质量（图 3-3-25）。

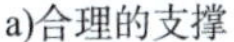
a)合理的支撑

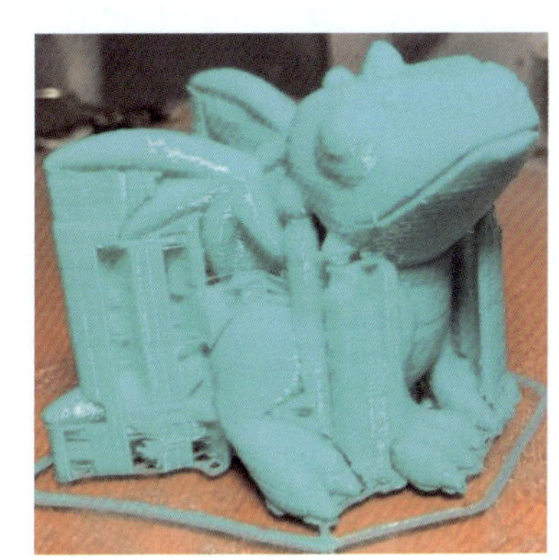
b)不合理的支撑

图 3-3-25　不同类型的支撑

6. 打印速度

打印速度是指挤出机在挤出耗材并行进时的速度，最佳设置就是在挤出机和移动速度中寻找最佳平衡点，这里涉及耗材、层数、温度等多个因素。如果单一追求速度，会导致最终模型出现垂丝等杂乱的现象；而较慢的速度可以提供高质量的打印效果，一般推荐速度是 60~120mm/s。

二、CuraEngine 参数设定

单击功能区的“切片软件”选项，在“切片软件”对话框中选择“CuraEngine”选项，再单击“配置”按钮，弹出“CuraEngine 设定”对话框（图 3-3-26）。参数修改后，必须单击“保存”按钮才能生效。

1. 速度和质量

“速度和质量”对话框（图 3-3-27）用于设定打印速度和打印层高。打印速度分为慢和快两个参数，即指定速度范围。

（1）打印：没有单独设定过速度的情况下的缺省打印速度，所有打印速度相同。

（2）不打印移动：打印头无耗材挤出，不与打印件接触的空行程移动速度。比如打印多个独立截面时，耗材回抽快速移动到另一个截面，可有效减少拉丝现象，同时提高打印效率。

（3）开始层：第一层打印速度，较低的速度可使打印件与基板结合更牢固。

（4）外边缘：打印件外壳最外层的打印速度，较低的速度可提高打印件的表面质量。

（5）内边缘：打印件外壳最内层的打印速度，可以比外边缘打印速度更快，以减少打印时间，通常这个速度介于外边缘和填充速度之间。

（6）填充：合适的填充速度可提高打印效率，过快的速度会使填充不充分，甚至电动机丢步。

图 3-3-26　CuraEngine 设定对话框

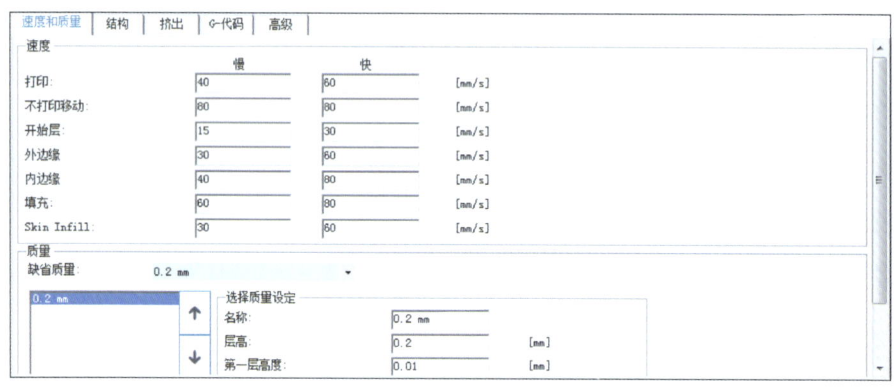

图 3-3-27　“速度和质量”对话框

2. 结构

“结构”对话框（图 3-3-28）用于设定打印件的结构尺寸。合适的结构尺寸可节省耗材，提高打印效率，同时符合打印件的使用要求。

（1）外壳厚度：外壳水平方向厚度，这个值由打印头直径及内外边缘圈数决定，一般 1mm 左右，对强度要求较高的打印件数值可略大。

（2）顶层 / 底层厚度：顶层和底层的实心填充层数。层高相同的情况下，数值越大层数越多，密封性越好，一般 1mm 即可。

（3）填充重叠：填充图案与外壳处的重叠率，一般数值越大重叠越多，结构越牢固，但是过大后外表面可能会出现凸点。

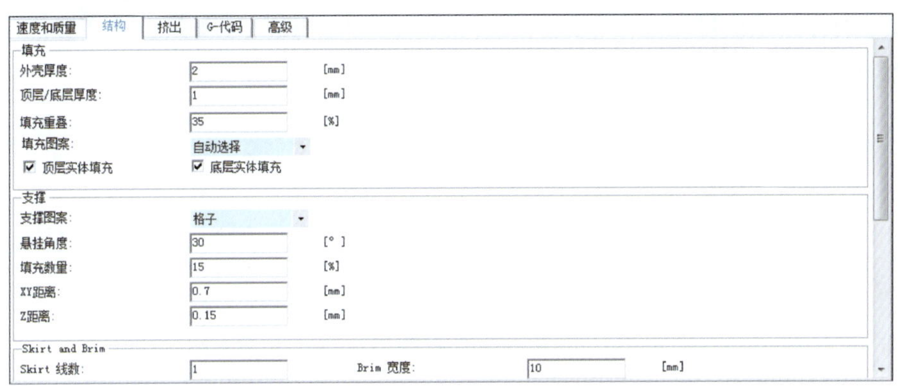

图 3-3-28 “结构”对话框

（4）填充图案（图 3-3-29）：“自动选择”即根据模型结构自动选择填充类型，一般默认为此选项；“格子”即方格填充，每层都打印格子，是应用最多的填充图案，打印件强度最高；“线”即每层打印平行线来填充，层与层之间平行线交叉，相同填充密度下，线填充比格子填充密度大；“同心线”即用与外轮廓同心的线来填充，结构强度最差。

a)格子

b)线

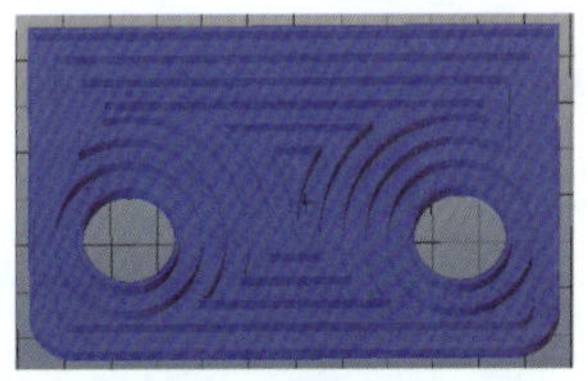

c)同心线

图 3-3-29 不同的填充图案

3. 挤出

“挤出”对话框（图 3-3-30）用于设定打印头的打印动作。

速度和质量 结构 挤出 G-代码 高级
通用挤出机设定
螺旋外边界 允许回抽 Perimeter before Infill
回抽速度: 80 [mm/s]
回抽距离: 12 [mm]
回抽前最小移动距离: 1.5 [mm]
回抽前最小挤出距离: 0.02 [mm]
Z 跳动: 0 [mm]
切除物体底部: 0 [mm]
Nozzle Diameter: 0 [mm or 0 = use value from "Printer Settings"]
最小化交叉边缘: Always
The slicer also uses parameters set in "Printer-Settings"->"Extruders"!
多挤出机设定
打印 Wipe 和 Prime 塔 创建溢丝层
打印支撑的挤出机: 任何挤出头
挤出机回抽开关: 16 [mm]

图 3-3-30 “挤出”对话框

（1）螺旋外边界：打印花瓶等薄壁类零件时使用，打印头沿着模型外轮廓，以层高为螺距，做螺旋移动打印。

（2）允许回抽：打印多个单独截面时，打印头回抽耗材后在截面间移动，可有效避免拉丝现象。勾选“允许回抽”后下面的参数起作用。

（3）回抽速度：耗材回抽的速度，速度越高效果越好，但是可能会引起齿轮打滑或啃料。

（4）回抽距离：数值为“0”时不回抽，近程挤出机一般为5mm，远程挤出机一般为12mm。

（5）回抽前最小移动距离：激活回抽所需的最小打印头移动距离。

（6）回抽前最小挤出距离：下一个回抽动作之前的最小挤出数量。如果在一个区域反复回抽，可能会导致挤出齿轮啃料。

（7）z 跳动：回抽时打印头 z 方向抬起的距离，一般为1mm。

（8）切除物体底部：把物体放置到平台上，这个功能对于底面特别不平整的物体，可以产生较大的底面结合。

4. 材料

“材料”对话框（图3-3-31）用于设定材料尺寸、耗材挤出速度、打印头和热床温度、打印件冷却风扇风速。

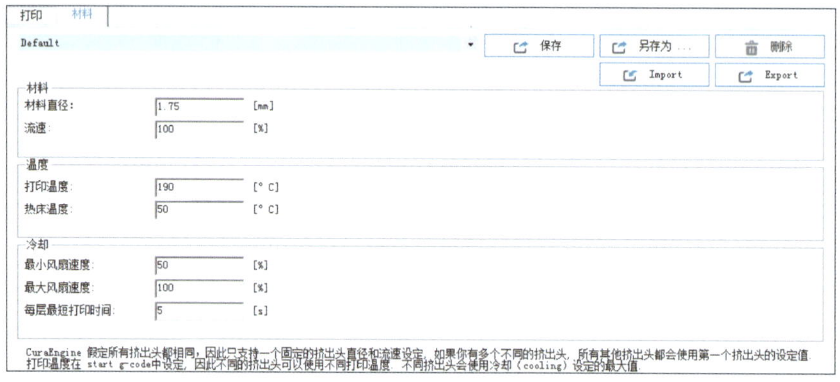

图3-3-31 “材料”对话框

（1）材料直径：根据耗材实际尺寸填写，过大或过小会引起挤出量误差。

（2）流速：根据实际打印情况微调耗材挤出量。

（3）打印温度：根据打印耗材填写，一般ABS为230℃，PLA为200℃。

（4）热床温度：根据打印耗材填写，一般ABS为100℃，PLA为50℃。

（5）最小风扇速度：冷却时风扇最小速度，当单层时间低于设定值时，打印速度减慢，而风扇速度会在最小冷却速度和最大冷却速度之间变化，具体取决于减慢速度的比例。

（6）最大风扇速度：冷却时风扇最大速度，当单层打印时间过短，打印速度减慢超过 50% 时，使用这一速度。

（7）每层最短打印时间：打印单层的最短时间，这个设定保证每层打印能有足够的冷却时间。如果打印速度过快，单层时间短于设定值，会根据这个设定自动减慢打印速度。

第四节　模型切片及 Gcode 文件保存

一、模型切片

物体放置和切片软件配置完成后，在切片软件界面选择合适的速度和填充密度，单击“开始切片 CuraEnqine”按钮（图 3-3-32），自动生成 Gcode 文件。在“允许风扇冷却”选项前打钩，打印时模型冷却风扇由程序自动控制，否则需手动在控制界面或触摸屏上开启并调节风量。

二、打印预览及文件保存

切片完成后自动跳转到“Print Preview”界面，即打印预览（图 3-3-33）。在此界面可直接开始打印，或者修改 Gcode 文件并保存。

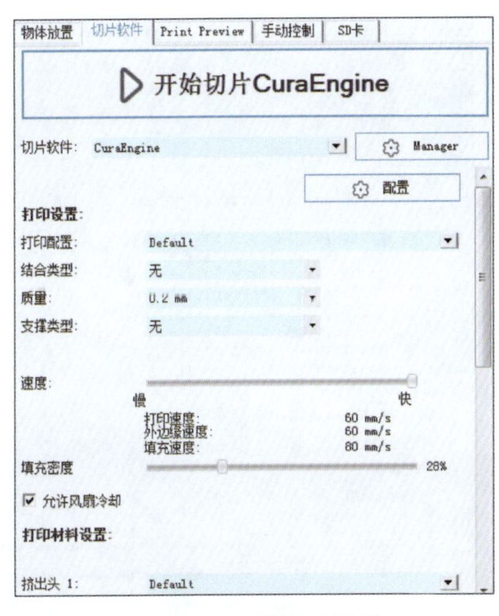

图 3-3-32　开始切片界面

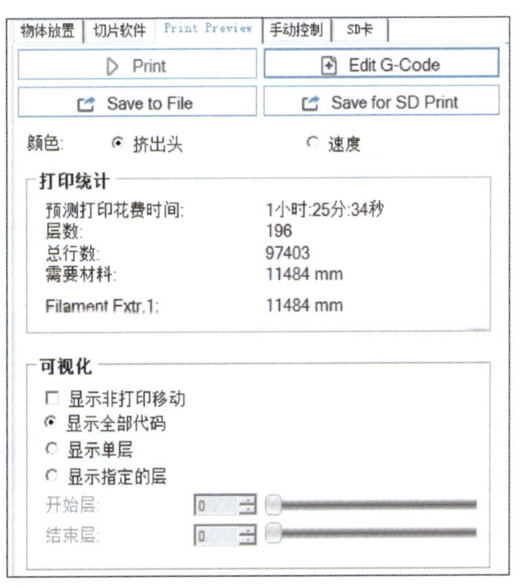

图 3-3-33　Print Preview 界面

1. 各命令按钮的作用

（1）Print：联机状态下直接开始打印，所有程序都从电脑端发送。

（2）Edit G–Code：修改 Gcode 文件。

（3）Save to File：保存 Gcode 文件至电脑上。

（4）Save for SD Print：联机状态下保存 Gcode 文件至 3D 打印机的 SD 卡上。

2. 打印统计

预测打印花费时间，因为显示的是理论时间，而实际打印时速度会做调整，所以误差较大。

3. 可视化

根据打印头打印移动和非打印移动，或者打印速度不同，预览打印轨迹（图 3-3-34）。通过切换显示全部代码、显示单层和显示指定的层，并改变开始层和结束层，可以详细地观察到每一层打印头的移动轨迹，依此可以判断打印是否合理。根据打印头打印移动和非打印移动预览时，蓝色线表示打印移动轨迹（有耗材挤出），绿色线表示非打印移动轨迹（无耗材挤出）。

三、Gcode 编辑

单击“Edit G–Code”选项，打开“G–Code 编辑”对话框（图 3-3-35），可对自动生成的 Gcode 文件做适当的修改。修改前需详细了解每个指令的含义（表 3-3-2）。一般无须修改可直接使用。

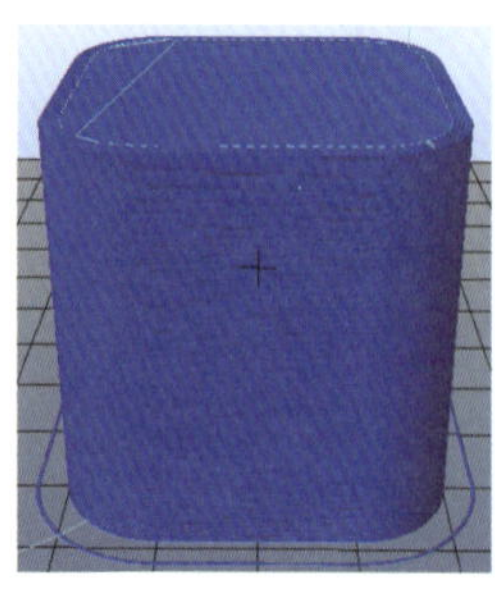

a)根据挤出头显示颜色

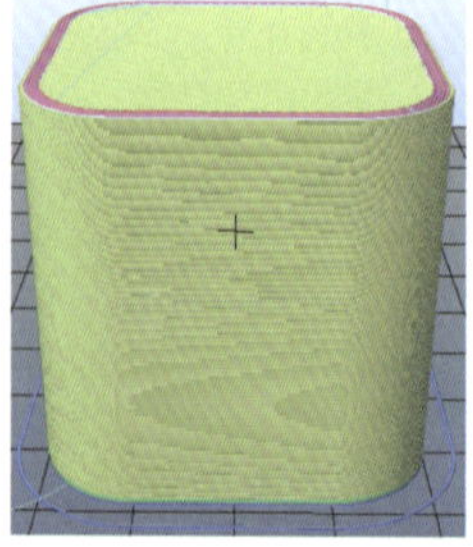

b)根据速度显示颜色

图 3-3-34　轨迹预览

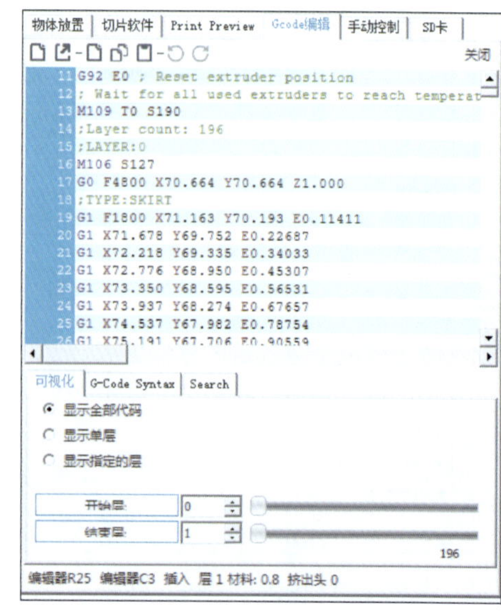

图 3-3-35　“G–Code 编辑”对话框

Gcode 文件指令含义　　表 3-3-2

指　令	含　义	指　令	含　义
G0	无耗材挤出时快速移动	M82	设定 *e* 轴（挤丝量）为绝对模式
G1	有耗材挤出时按指定速度移动	M84	关闭步进电动机
G90	使用绝对坐标系	M104	设置挤出头目标温度
G91	使用相对坐标系	M107	关闭风扇
G92	将当前位置设为给定值	M109	等待挤出头加热到目标温度
G28	所有轴归零	M140	设置热床目标温度
X/Y/Z/E	打印头坐标	M190	等待热床加热达到目标温度
S	目标温度	T	设置当前挤出头（0 表示第一个挤出头）
F	设定 G1 速度	—	—

第五节　联机控制功能

一、连接 3D 打印机

（1）在电脑上安装 USB 转串口线软件后（PL2303 驱动程序），用 USB 线连接打印机与电脑，开启打印机后可在设备管理器中查看端口号（图 3-3-36）。

（2）在 Repetier-Host 软件的“打印机设置”对话框中单击“连接”选项（图 3-3-37）。“连接端子”选择串口连接，“通讯端口”根据设备管理器中的端口号填写，“波特率”根据控制主板选择，赤兔主板的波特率为 115200 bit/s。

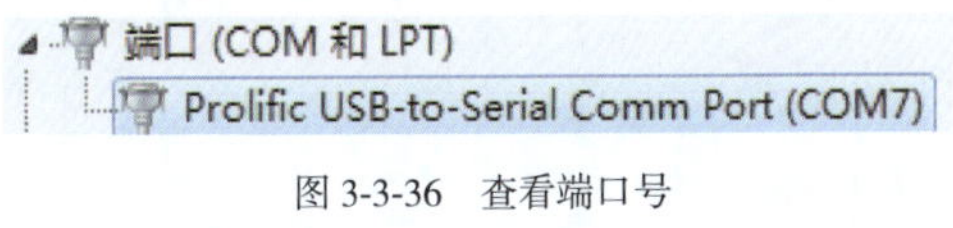

图 3-3-36　查看端口号

连接 | 打印机 | 挤出头 | 打印机形状 | Scripts | 高级
连接端子：串口连接　　帮助
通讯端口：COM7
波特率：115200
传输协议：自动检测
遇到紧急时复位　发送紧急命令并重新连接
接收缓存大小：127
Communication Timeout：　[s]
使用Ping-Pong 通讯（只有收到应答信号OK后才发送）

图 3-3-37　“连接”对话框

（3）单击功能区“手动控制”选项，再单击工具栏处连接图标，手动控制界面由灰色变成彩色，说明联机成功（图 3-3-38）。

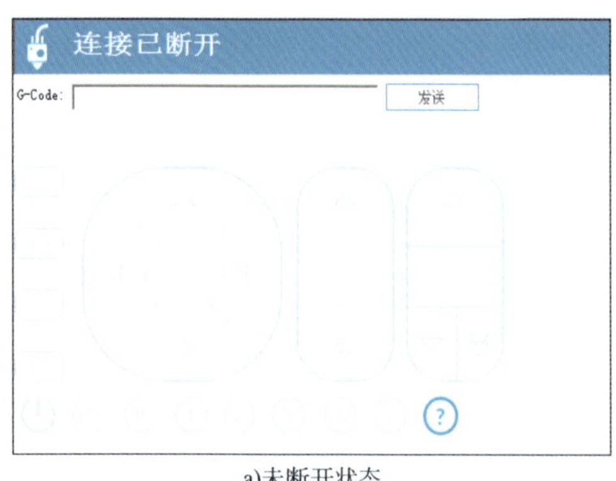

a)未断开状态

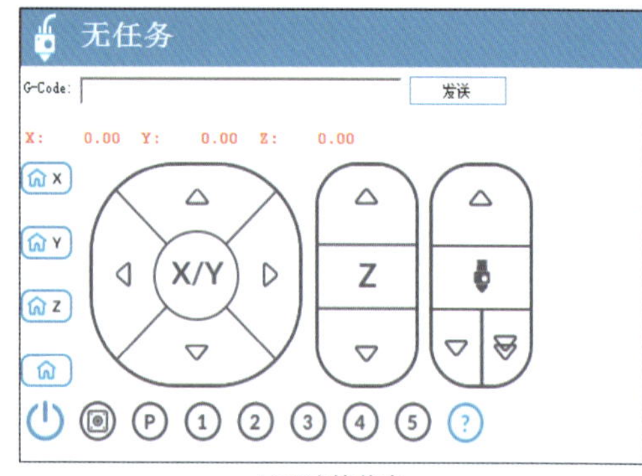

b)已连接状态

图 3-3-38　手动控制界面变化

二、手动控制界面介绍

联机成功后，打印机的所有操作可以通过手动控制界面完成（图 3-3-39）。

1.“G-Code 指令发送”对话框

在 G-Code: 发送 文本框中直接输入 G-code 指令，单击“发送”按钮即可控制打印机，一般用于简单命令的执行。比如输入“G28”，打印机会自动回零。

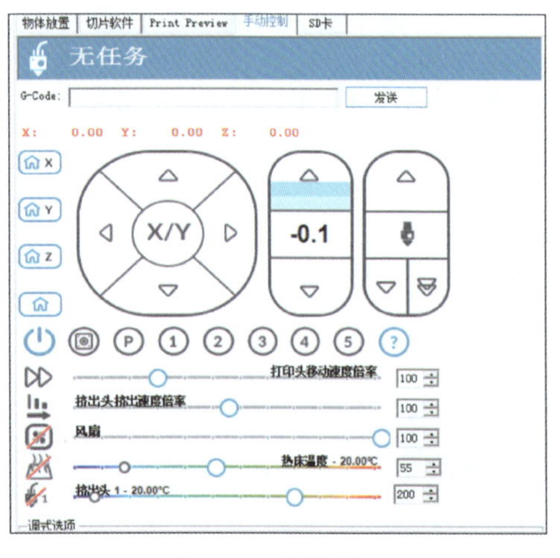

图 3-3-39　手动控制界面

2. 坐标显示

X: 0.00 Y: 0.00 Z: 0.00 开机必须进行回零操作，才能正确显示打印头的当前位置。

3. 轴移动按钮

轴移动按钮如图 3-3-40 所示。

（1）回零。单击 X、Y 或 Z 按钮，打印机单轴回零，单击 按钮三轴一起回零。

（2）各轴手动移动。手动单独移动各轴，光标移动到相应按钮，可选择不同的移动步距（每单击一下移动的距离）（图 3-3-41）。

移动 z 轴时，假如发现方向不对，可单击“打印机设置”选项，选择“打印机”选项，在反转控制方向处，z 轴前面打钩。此设置不影响触摸屏上的操作。

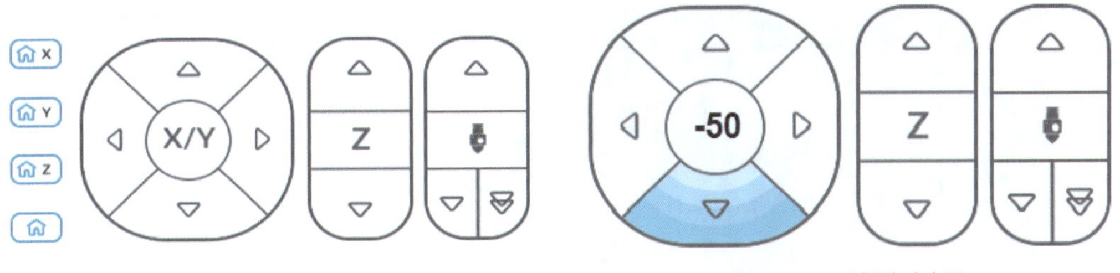

图 3-3-40　轴移动按钮　　　　图 3-3-41　选择移动步距

4. 速度及温度控制

速度及温度控制如图 3-3-42 所示，可以在自动打印时对打印速度、风扇速度、温度做调整。

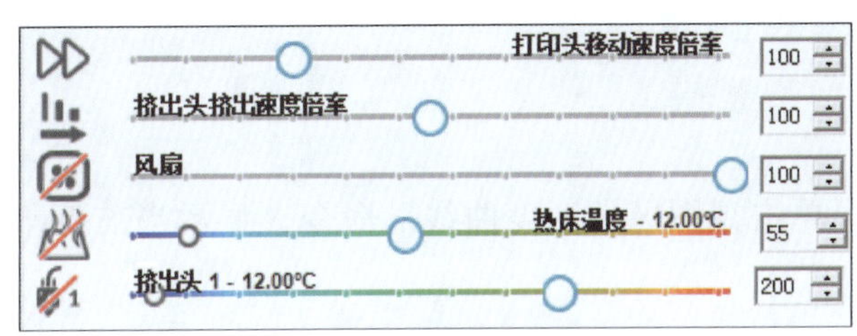

图 3-3-42　“速度及温度调节”对话框

（1）打印头移动速度倍率：自动打印时拖动圆圈调节打印头移动速度。

（2）挤出头挤出速度倍率：自动打印时拖动圆圈调节挤出头挤出速度，一般都为 100。

（3）风扇：单击图标开启模型冷却风扇，拖动圆圈调节风量。

（4）热床温度：单击图标开启热床加热，拖动大圆圈或在对话框中设定热床目标温度。

（5）打印头温度：单击图标开启打印头加热，拖动大圆圈或在对话框中设定打印头目标温度。

三、联机打印

模型切片完成后，单击工具栏中的“运行任务”命令，打印机自动开始打印。此时手动控制界面移动轴进行功能锁定，视图区跟踪显示打印轨迹（图 3-3-43）。电脑主机的配置会影响打印过程，比如打印时出现卡顿，单击“紧急停机”按钮反应慢等。自动打印过程中单击工具栏中的“暂停任务”命令，可暂停当前打印任务；单击“运行任务”命令继续打印；单击工具栏中的“终止任务”命令，结束全部打印任务。

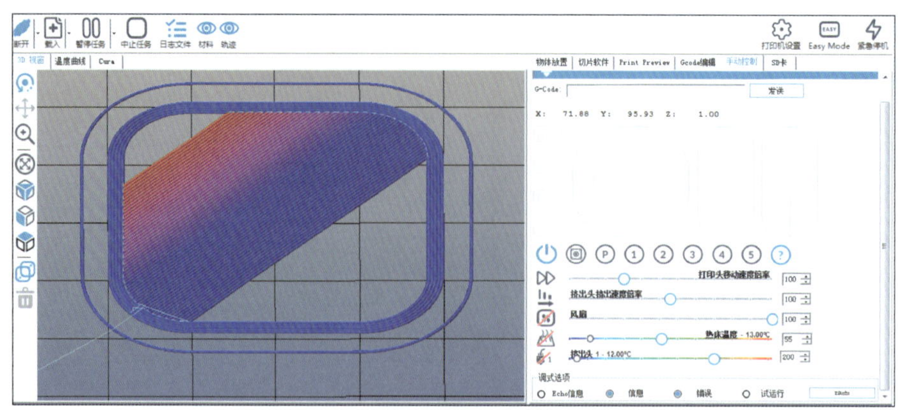

图 3-3-43　联机打印时的界面

四、联机监视反馈

1. 温度曲线

在联机状态下，单击视图区“温度曲线”命令，显示当前打印头和热床的温度曲线（图 3-3-44）。

图 3-3-44　温度监视窗口

2. 日志文件显示

单击工具栏中的“日志文件”命令，在界面最下面显示日志文件监视窗口（图 3-3-45）。日志文件监视窗口提供了许多选项供用户选择是否显示，包括命令、信息、警告、错误、应答，还可以选择是否自动滚动以及清除记录。

图 3-3-45　日志文件监视窗口

软件为了获取打印机喷头和热床的温度，会每隔 3 秒发送一次 M105 指令，因此，监视串口会出现很多 M105 指令，可以在“打印机设置”对话框中的“打印机”选项中勾选从记录中移除 M105 温度请求指令，即可在监视串口隐藏 M105 指令（图 3-3-46）。

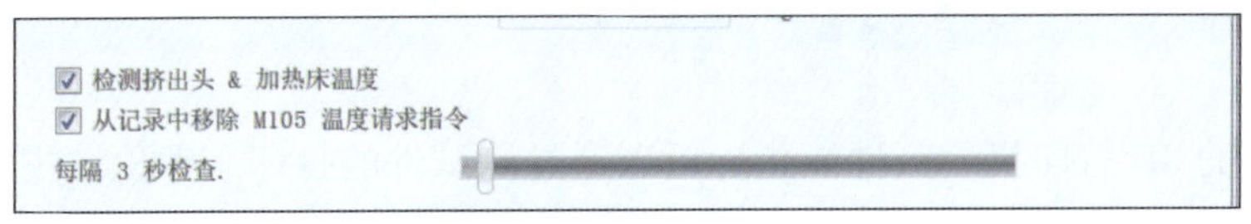

图 3-3-46　隐藏 M105 指令

五、联机 SD 卡功能

如果使用的 3D 打印机含有 SD 卡，那么可以在“打印机设置”对话框的“打印机”选项下面勾选“Printer has SD card”（默认勾选）。单击功能区的“SD 卡”选项，显示“SD 卡”对话框（图 3-3-47）

单击“安装 SD 卡”按钮，对话框就会列出 SD 卡中的内容。选择要打印的文件，单击“打印”按钮，打印任务将从 SD 卡中执行，这样就不用担心电脑卡顿而影响打印速度了。

单击“载入文件”按钮，可以向 SD 卡中写文件。值得注意的是，载入文件名的后缀名最好是 GCO，否则会出现一些问题，然后可以选择载入当前代码或者外部 Gcode 文件（图 3-3-48）。

图 3-3-47　“SD 卡”对话框

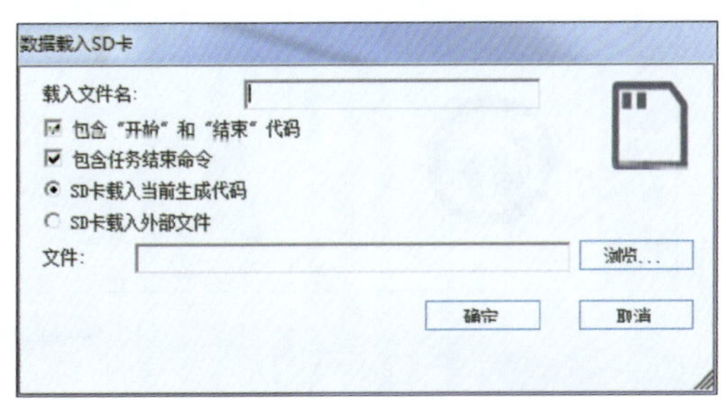

图 3-3-48　“数据载入 SD 卡”对话框

第四章 3D打印基础实例

第一节 测试件的3D打印

自主装调的3D打印机，其性能指标可以通过测试件的打印来评价，主要包括各轴的位移精度、打印头及热床的热稳定性等指标。本节我们将通过测试件的3D打印来评价打印机的性能。

一、3D One软件造型

（1）双击桌面图标，打开3D One软件，软件界面如图3-4-1所示。

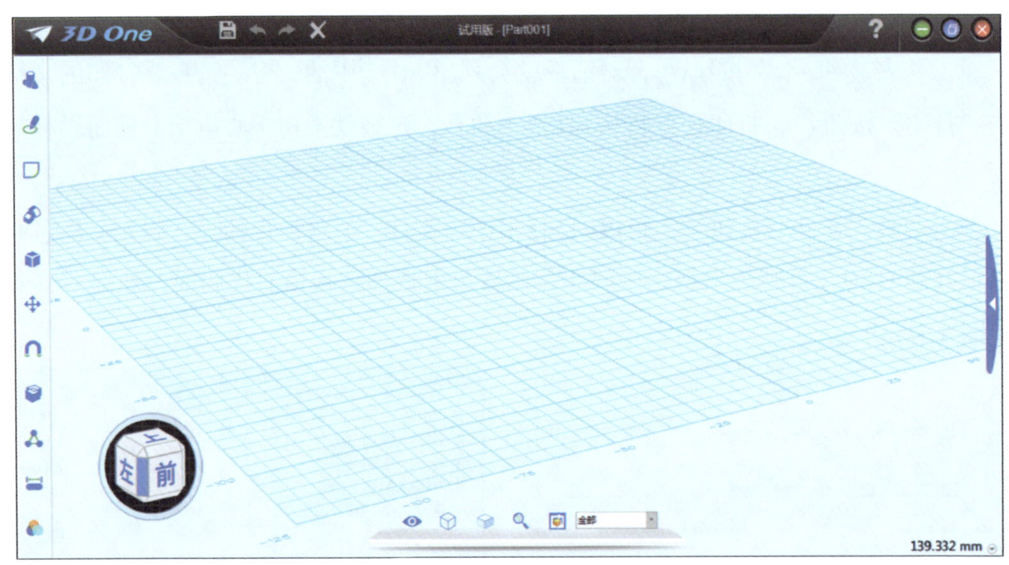

图3-4-1 3D One软件界面

（2）单击左侧工具栏中的“基本实体”工具，选择“六面体”模型，弹出“六面体”对话框。拖动模型至定位点（0,0,0），或者直接在“点”文本框中输入坐标点（0,0,0）。单击“模型尺寸”选项，修改至设计要求，单击“确定”按钮，如图3-4-2所示。

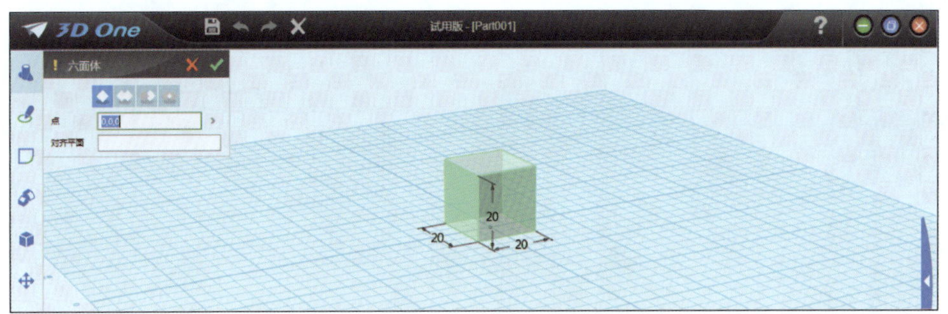

图 3-4-2　绘制六面体

（3）单击左上角 3D One 图标，选择“导出”命令，弹出“选择输出文件 ...”对话框，如图 3-4-3 所示。输入文件名，选择保存类型为 STL File，单击“保存”按钮。

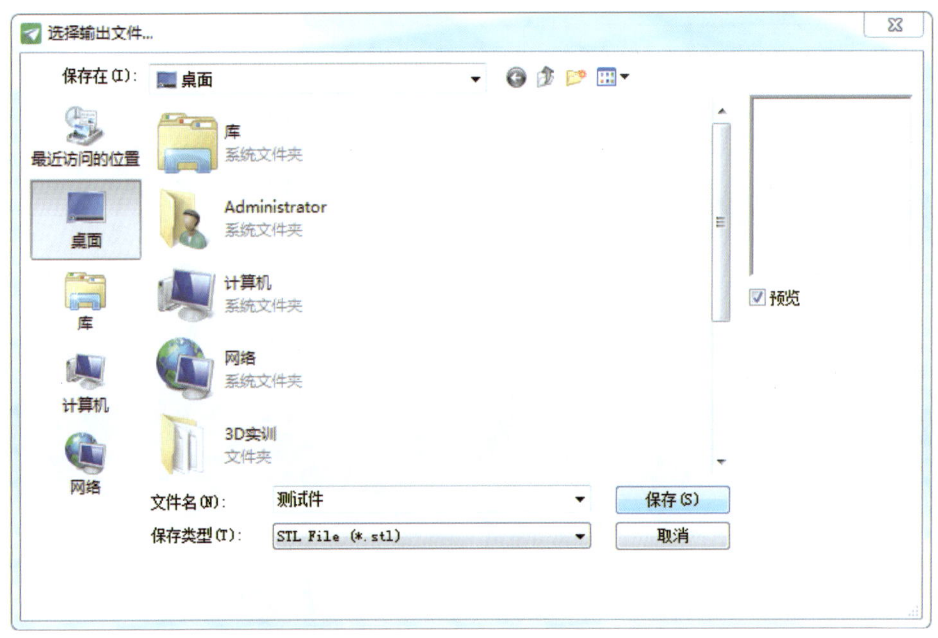

图 3-4-3　“选择输出文件 ...”对话框

二、Repetier-Host 切片

（1）双击桌面图标，打开 Repetier-Host 软件，软件界面如图 3-4-4 所示。参照第三章第三节内容完成打印机设置。

（2）单击左上角菜单栏中的“文件”菜单，选择“载入”命令，弹出“导入 Gcode 文件”对话框。选择模型文件，单击“打开”按钮，加载模型到 Repetier-Host 软件中，如图 3-4-5 所示。

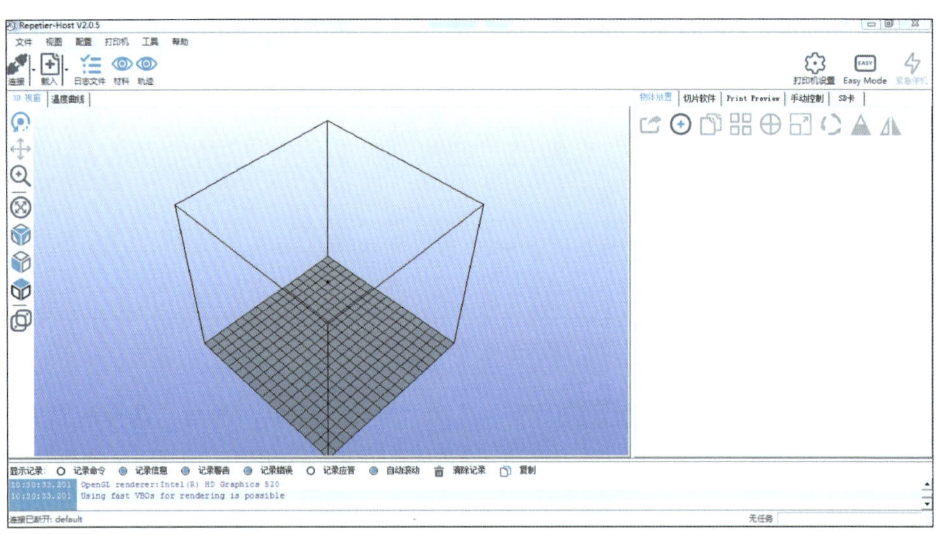

图 3-4-4 Repetier-Host 软件界面

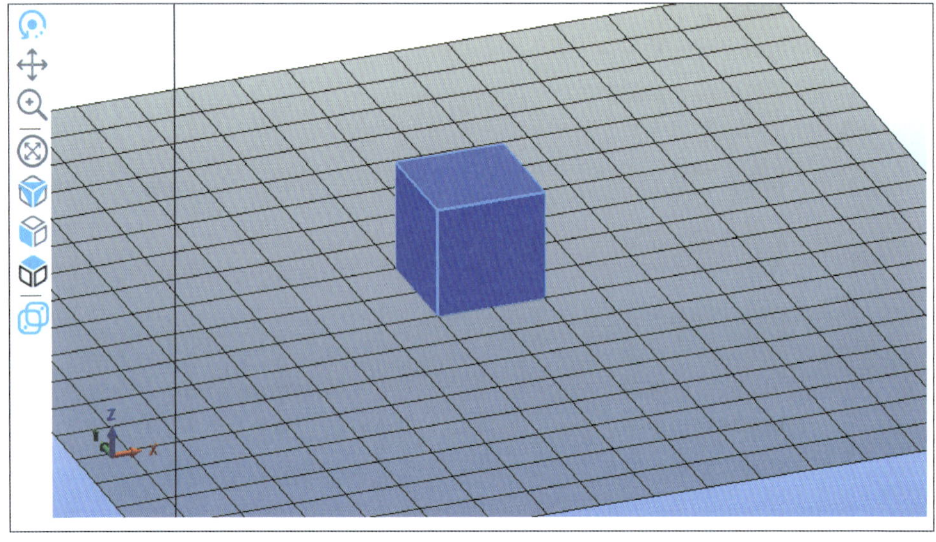

图 3-4-5 载入模型

（3）单击右上角“切片软件”选项，在“切片软件”下拉列表中选择“CuraEngine”选项，单击“配置”按钮，如图 3-4-6 所示，弹出“CuraEngine 设定”对话框。

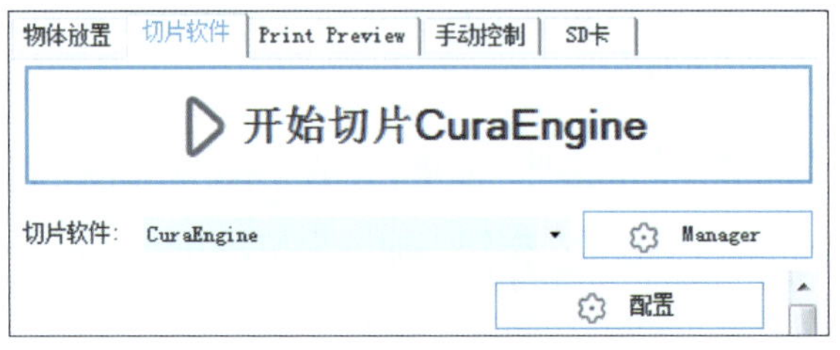

图 3-4-6 切片软件选择

（4）在“CuraEngine 设定”对话框中单击“材料”选项，如图 3-4-7 所示，填写合适的参数并保存（可参考图中数值）。

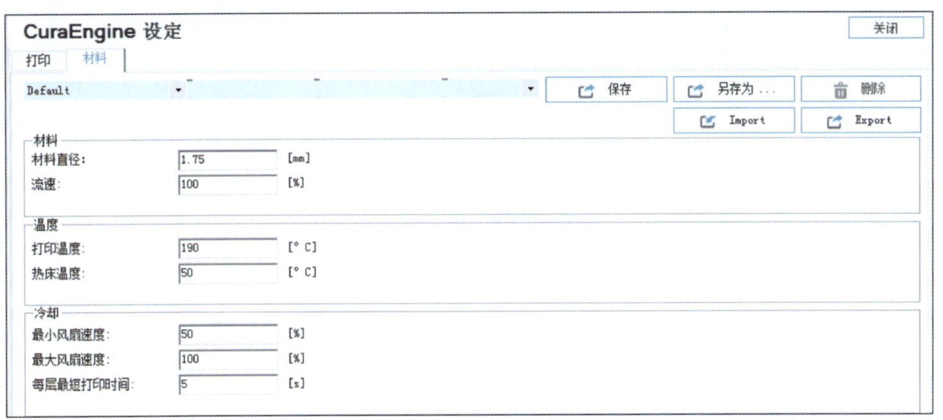

图 3-4-7　材料参数设定

（5）在“CuraEngine 设定”对话框中单击“打印”选项，选择“速度和质量”选项，填写合适的参数并保存（可参考图中数值），如图 3-4-8 所示。

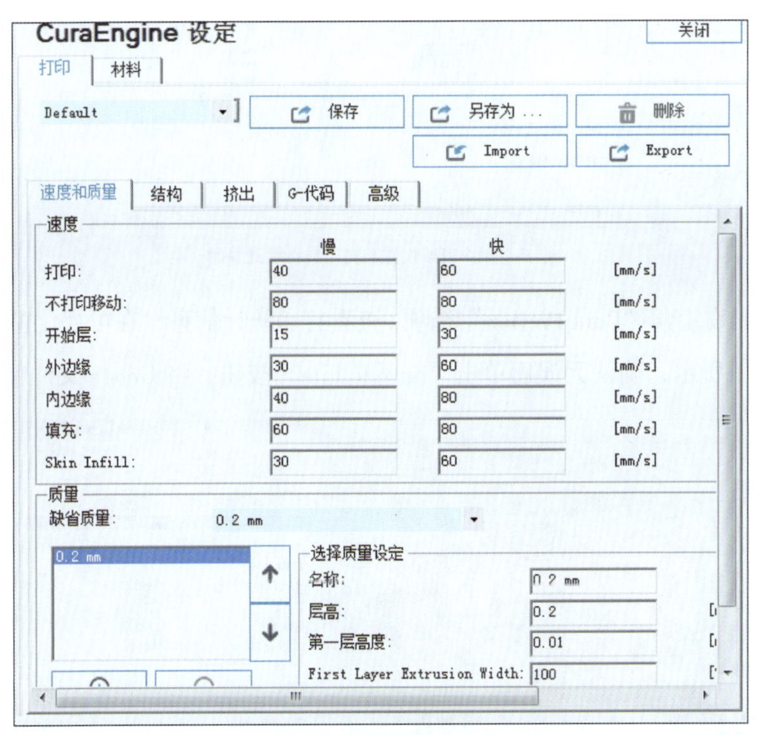

图 3-4-8　速度和质量参数设定

（6）在“CuraEngine 设定”对话框中单击“结构”选项，填写“填充”参数并保存（可参考图中数值），其余参数默认，如图 3-4-9 所示。

图 3-4-9　结构参数设定

（7）检查右侧打印设置和打印材料设置，如图 3-4-10 所示，确认无误后单击 ▷ 开始切片CuraEngine 按钮。

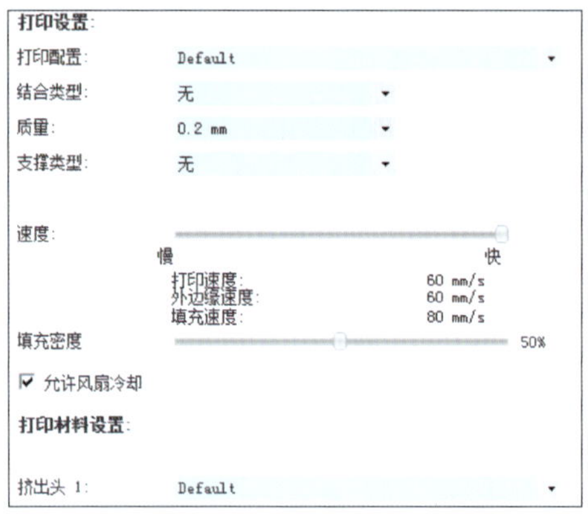

图 3-4-10　打印设置和打印材料设置界面

（8）单击右上角“Print Preview”选项，查看打印统计信息，在可视化窗口检查切片轨迹，如图 3-4-11 所示，确认无误后单击“Save to File”按钮，将 Gcode 文件保存到 SD 卡。

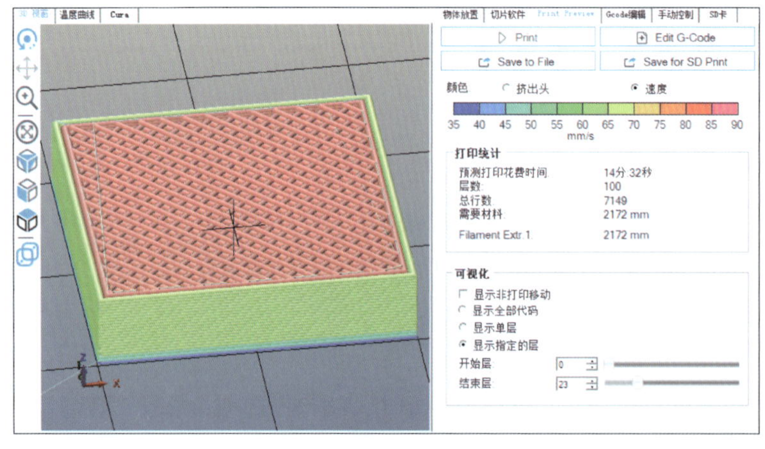

图 3-4-11　Print Preview 界面

三、测试件的脱机打印

（1）参照第三篇第一章第二节，做好3D打印机使用前的准备工作。

（2）在打印机关闭状态下插入SD卡，注意SD卡的正反面。

（3）开启打印机，在触摸屏上单击“打印”图标，选择Gcode文件，单击“开始打印”按钮。

（4）打印过程中观察有无翘边。

（5）等热床冷却后取下打印件，刮除毛刺。

第二节 支撑座的3D打印

3D打印时，模型的处理至关重要，包括水密性检查及位置摆放。有些特定的CAD软件绘制完成后导出STL模型时，可能会出现破面，我们可以通过其他CAD软件做相应修改。常规打印时，我们要求尽量减少支撑及变形。本节我们将通过支撑座的3D打印，学习模型的修复及位置的合理摆放。支撑座图纸如图3-4-12所示。

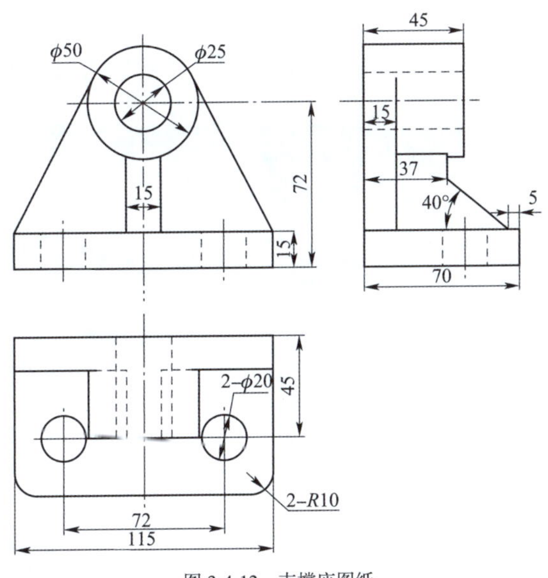

图3-4-12 支撑座图纸

一、CAXA制造工程师软件造型

（1）双击桌面图标，打开CAXA制造工程师软件，软件界面如图3-4-13所示。

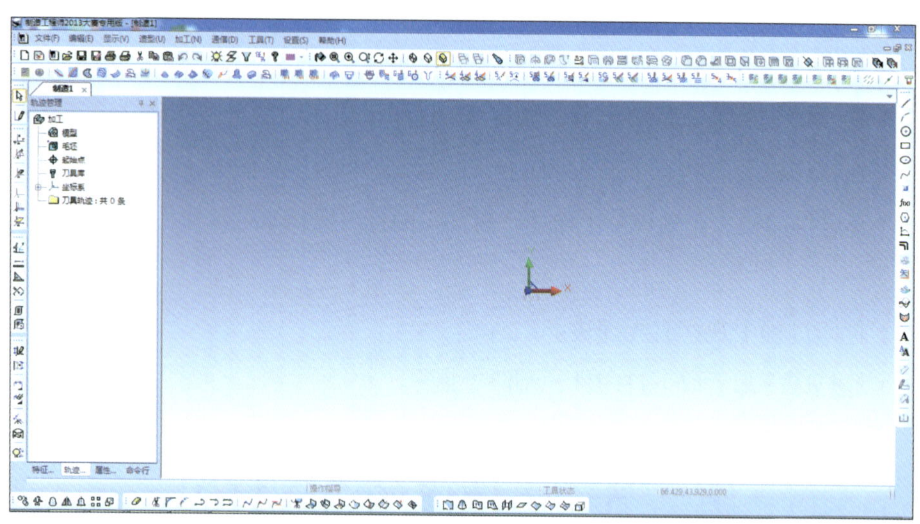

图 3-4-13　CAXA 制造工程师软件界面

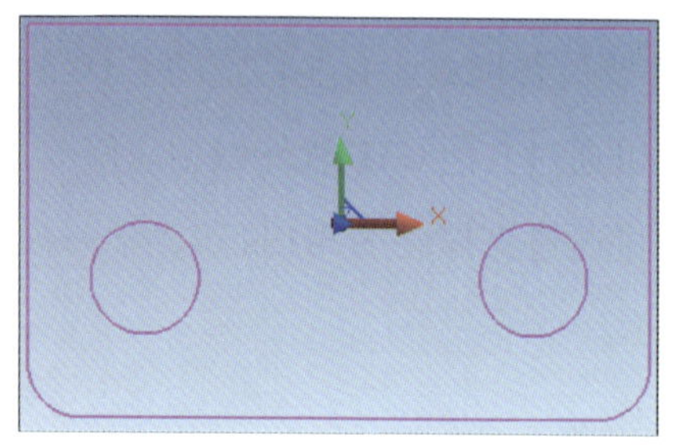

图 3-4-14　底板草图

（2）单击“特征管理”命令，选择“平面 XY”选项，右击，在弹出的菜单中选择“创建草图”命令，或者单击“绘制草图”工具，绘制如图 3-4-14 所示的底板草图。

（3）退出“绘制草图”命令，单击“拉伸增料”工具，选择草图轮廓进行拉伸，如图 3-4-15 所示。

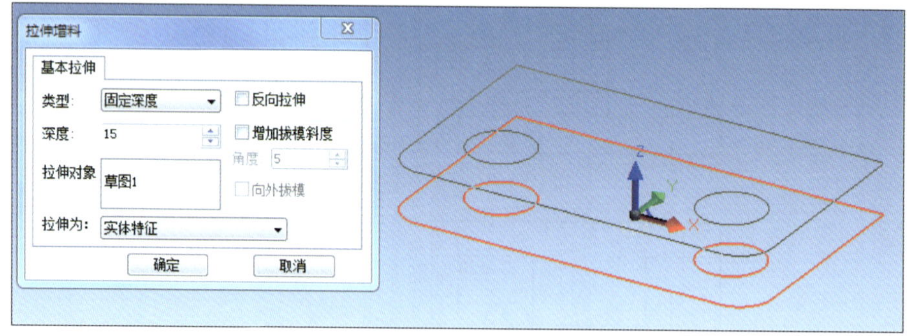

图 3-4-15　拉伸底板

（4）选择底板后平面，右击，在弹出的菜单中选择“创建草图”命令，或者单击“绘制草图”工具，绘制如图 3-4-16 所示的立板草图。

（5）退出“绘制草图”命令，单击“拉伸增料”工具，选择草图轮廓进行拉伸，如图 3-4-17 所示。

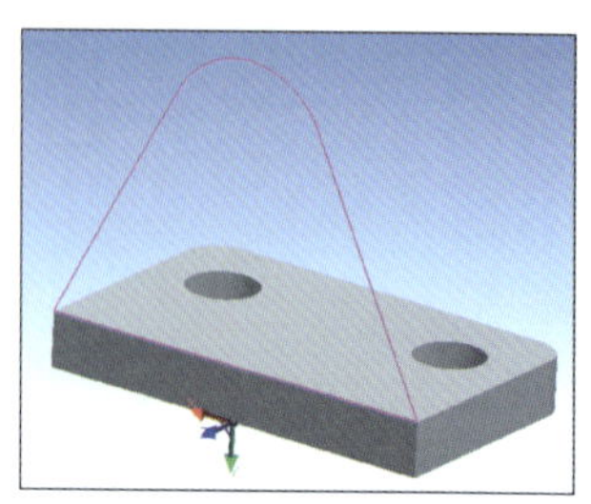

图 3-4-16　立板草图

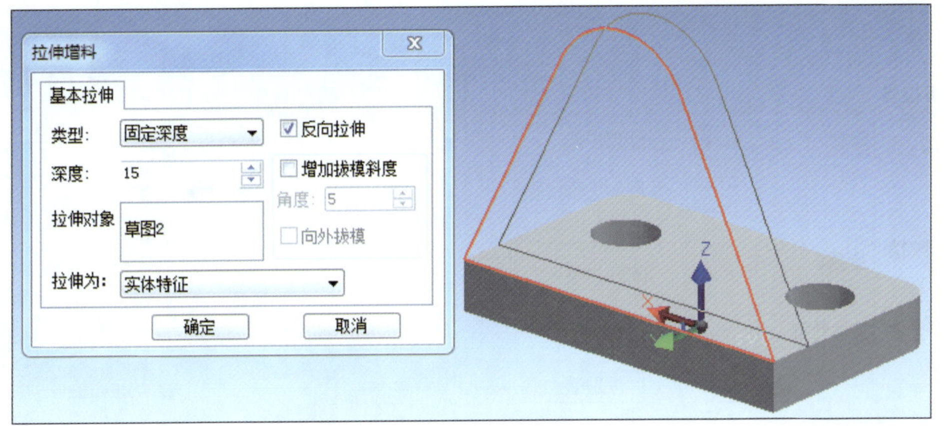

图 3-4-17 拉伸立板

（6）选择立板前平面，右击，在弹出的菜单中选择“创建草图”命令，或者单击“绘制草图”工具，绘制如图 3-4-18 所示的圆柱草图。

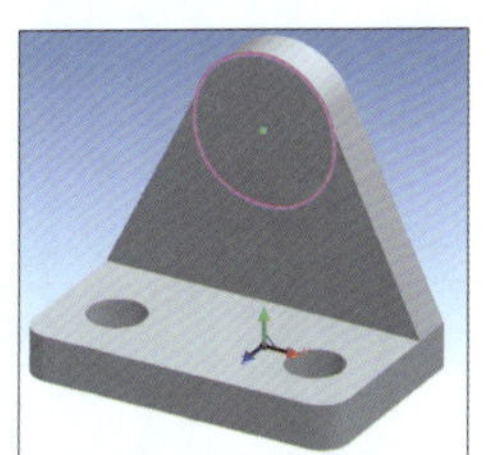

图 3-4-18 圆柱草图

（7）退出“绘制草图”命令，单击“拉伸增料”工具，选择草图轮廓进行拉伸，如图 3-4-19 所示。

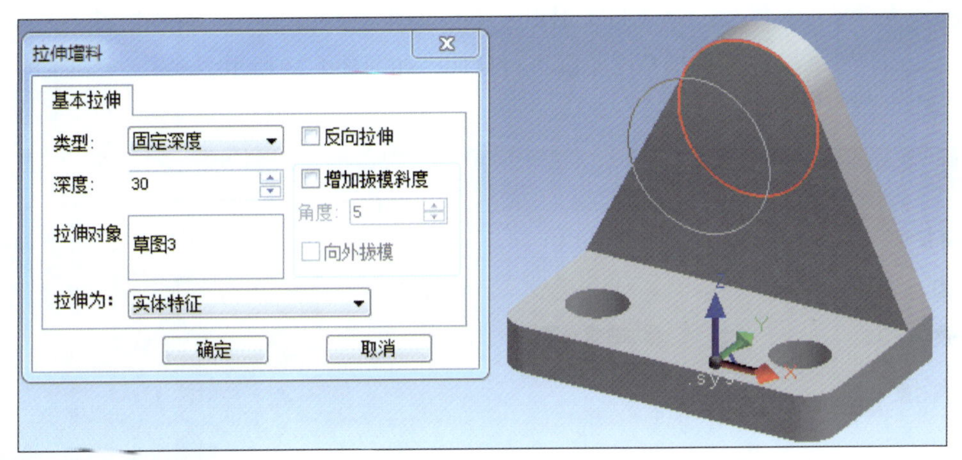

图 3-4-19 拉伸圆柱

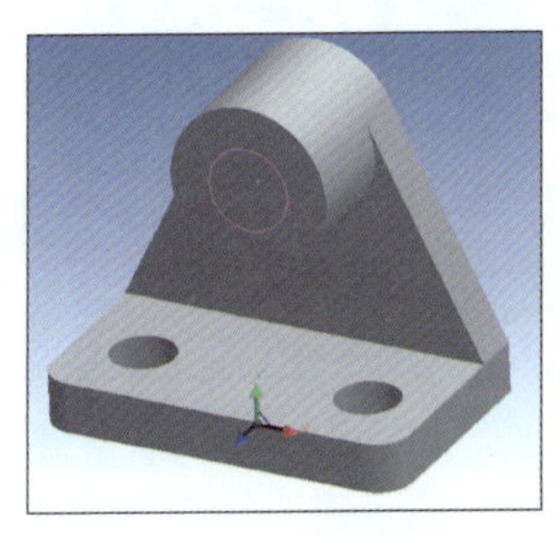

图 3-4-20 圆孔草图

（8）选择圆柱前平面，右击，在弹出的菜单中选择“创建草图”命令，或者单击“绘制草图”工具，绘制如图 3-4-20 所示的圆柱草图。

（9）退出“绘制草图”命令，单击“拉伸除料”工具，选择草图轮廓进行拉伸，如图 3-4-21 所示。

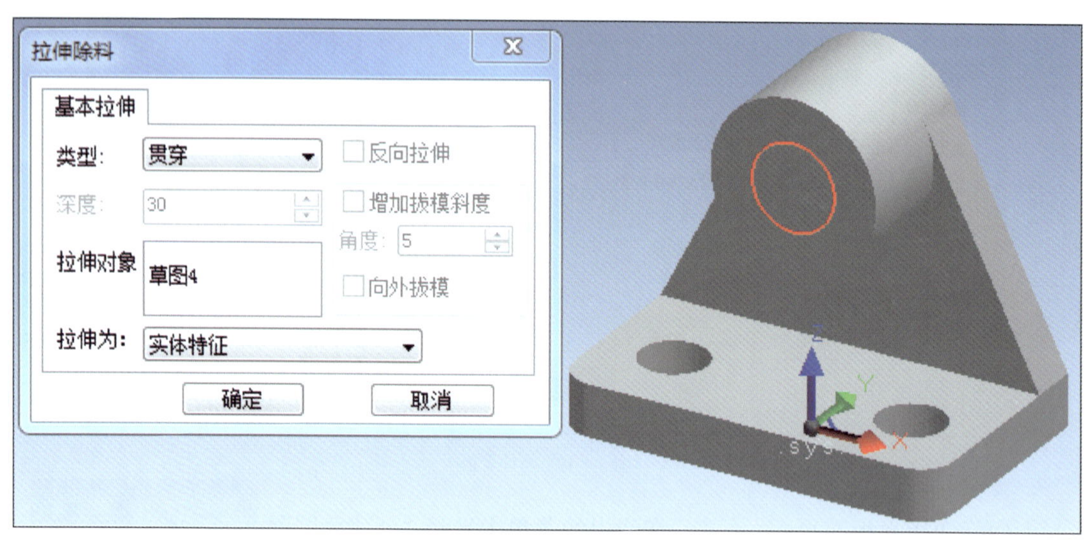

图 3-4-21　拉伸圆孔

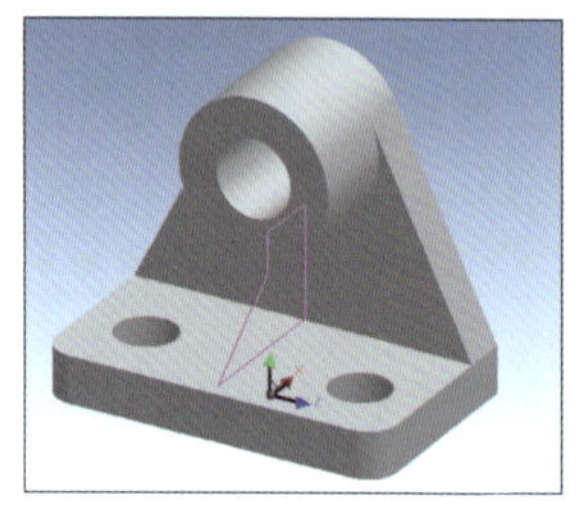

图 3-4-22　肋板草图

（10）选择平面 *yz*，右击，在弹出的菜单中选择“创建草图”命令，或者单击“绘制草图”工具，绘制如图 3-4-22 所示的肋板草图。

（11）退出“绘制草图”命令，单击“拉伸增料”工具，选择草图轮廓进行拉伸，如图 3-4-23 所示。

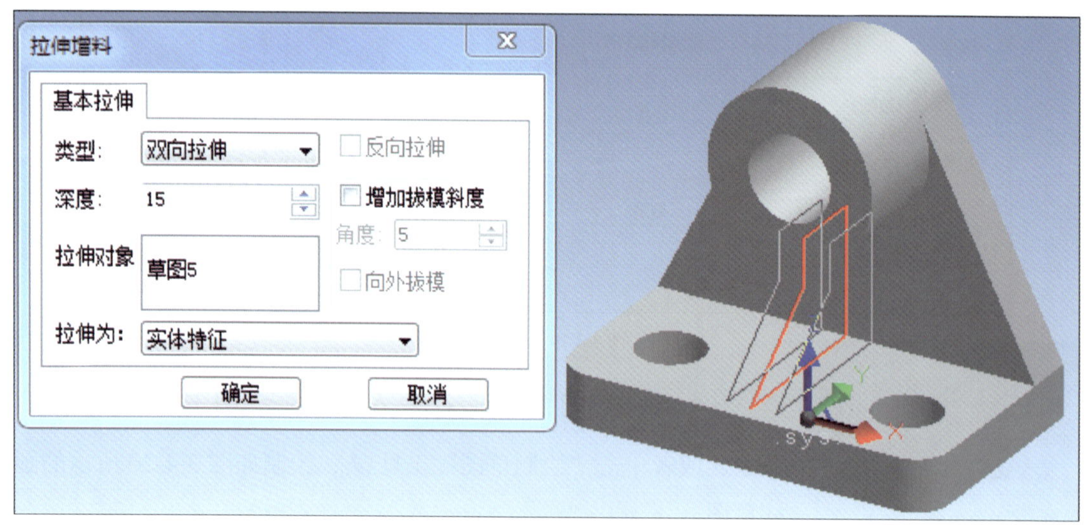

图 3-4-23　拉伸肋板

（12）单击“文件”菜单，选择“保存”命令，填入文件名，选择保存类型为 STL 数据文件，如图 3-4-24 所示。

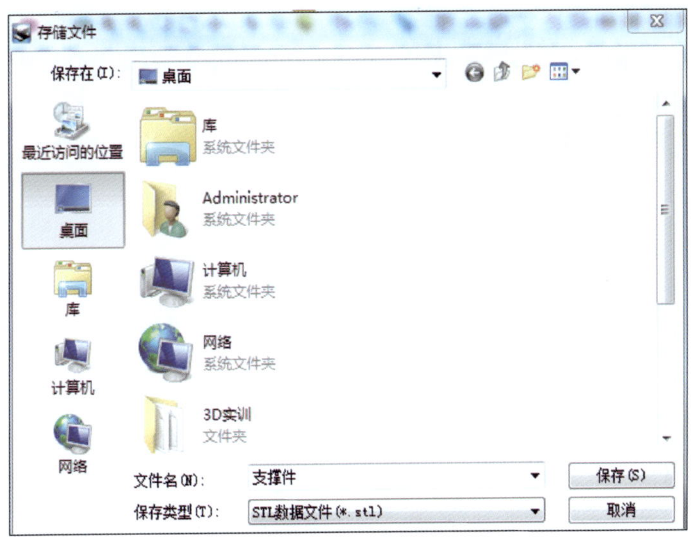

图 3-4-24　文件保存

二、Repetier-Host 切片

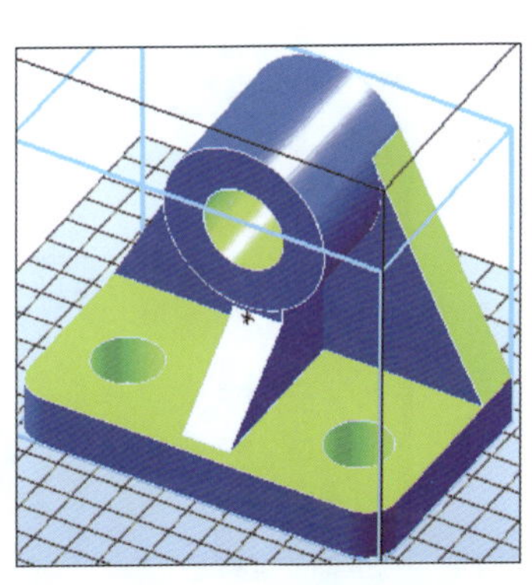

图 3-4-25　模型外观颜色不一致

（1）将支撑座模型文件载入 Repetier-Host 软件中，可能会出现如图 3-4-25 所示的情况。模型外观颜色不一致说明不是水密性模型（模型表面三角片存在缝隙），无法按模型样子切片。可以单击“修复”命令，选择“法线修复”选项，对模型进行修复，如图 3-4-26 所示。如果修复后还存在模型外观颜色不一致的问题，可通过第三方软件修复。

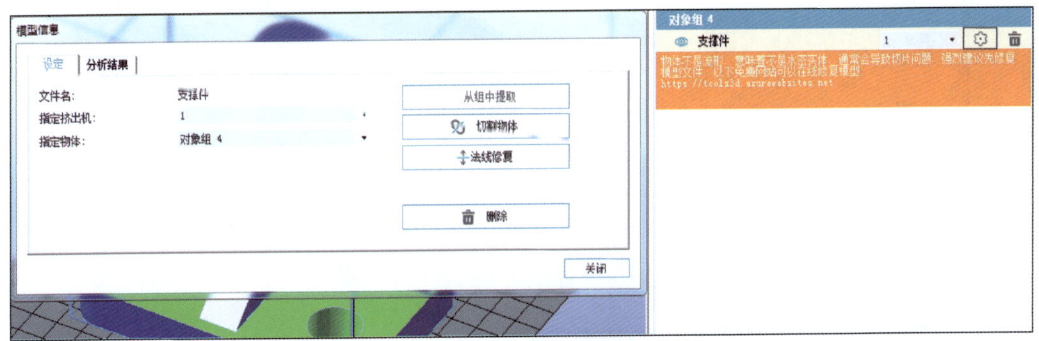

图 3-4-26　法线修复模型

（2）通过 Inventor 软件修复模型缺陷的方法：

① CAXA 制造工程师造型完毕后保存为 .X_B 文件，如图 3-4-27 所示。

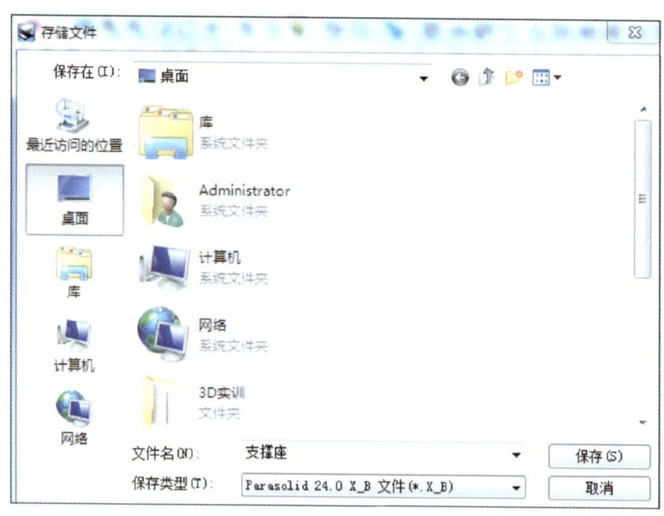

图 3-4-27　文件保存

②打开 Inventor 软件，导入 .X_B 文件，如图 3-4-28 所示。

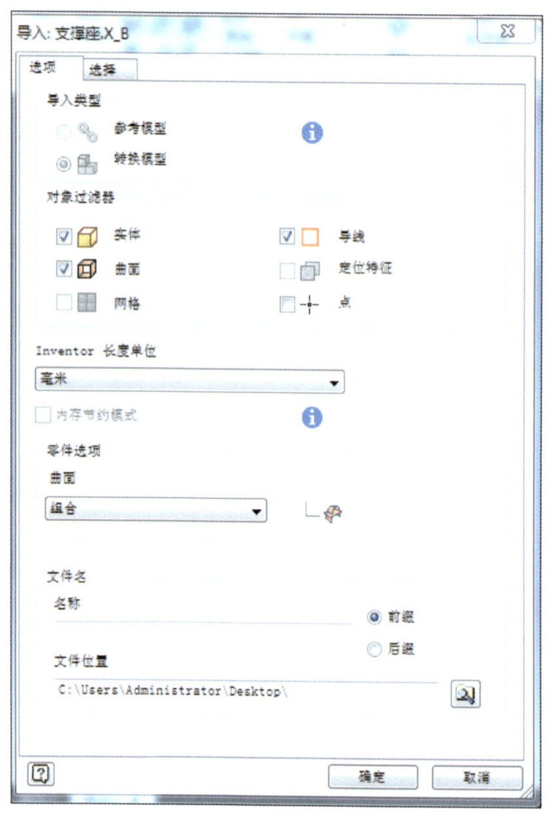

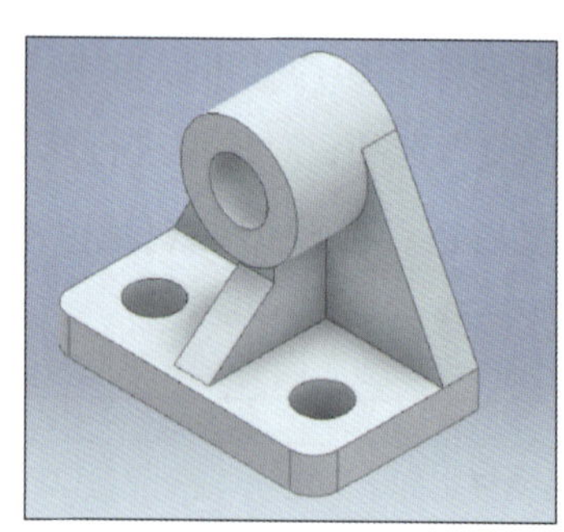

图 3-4-28　导入文件

③模型文件导入后，无须做任何修改，直接选择“文件”—“另存为”—“保存副本为”命令，填写文件名，保存类型为 STL 文件，单击“保存”按钮，如图 3-4-29 所示。

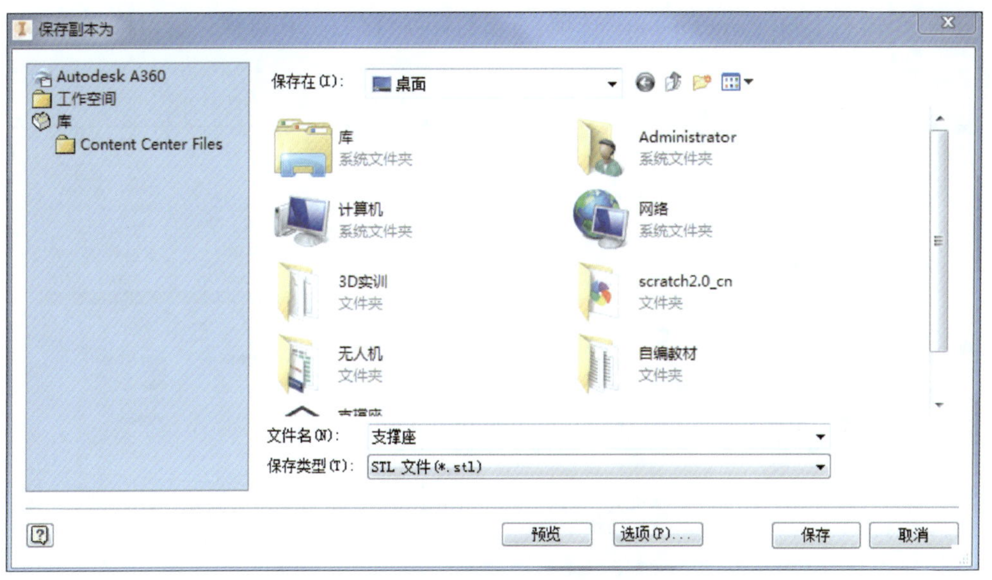

图 3-4-29 保存文件

（3）将修复后的支撑座模型文件重新导入 Repetier-Host 软件，如图 3-4-30 所示。

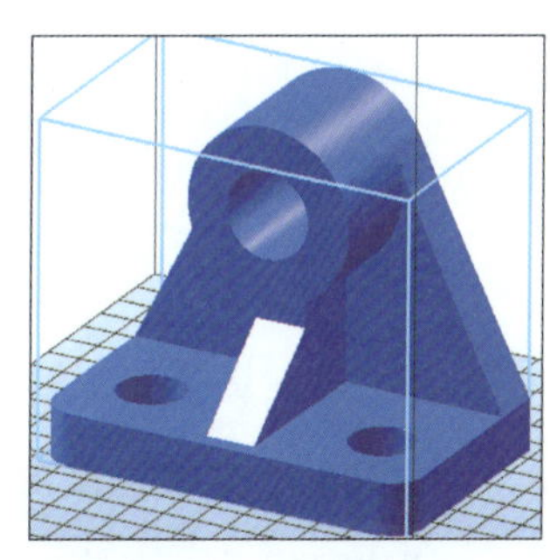

图 3-4-30 载入文件

（4）分析模型摆放的合理性。ϕ25 孔为光轴装配孔，对尺寸精度要求较高，而 ϕ20 孔为螺栓通孔，要求相对较低。如按图 3-4-30 摆放，ϕ25 孔由于变形问题，尺寸精度肯定不达标。另外，ϕ50 圆柱有悬空，需要单独打印支撑，增加工艺难度。因此，最合理的摆放应是 ϕ25 孔的轴线垂直于水平面。我们通过旋转坐标轴调整模型的摆放，如图 3-4-31 所示。

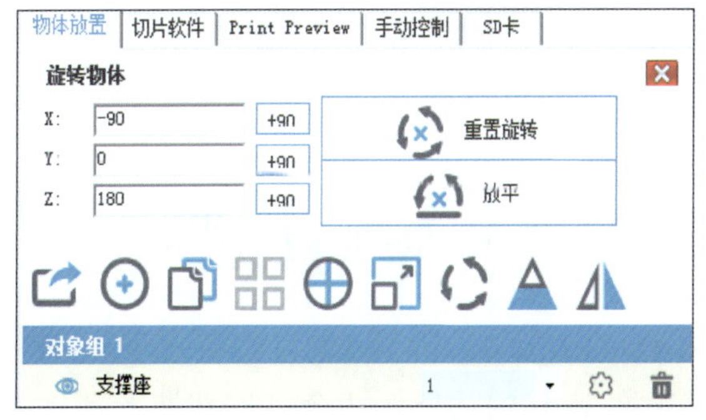

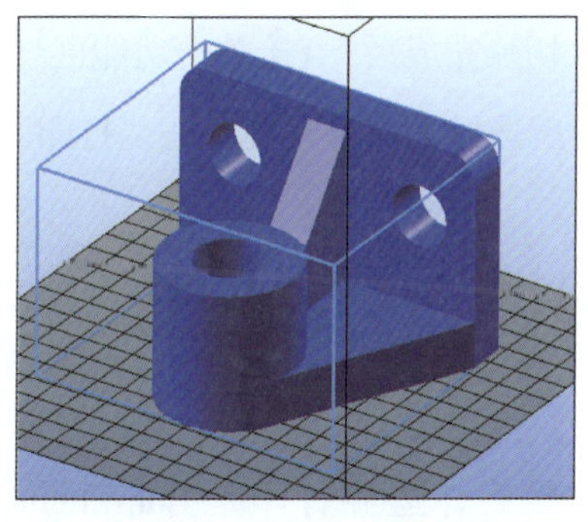

图 3-4-31 调整模型的摆放

（5）参照立方体的打印填写切片参数。因支撑座是受力零件，对刚性要求较高，可适当增大外壳厚度和填充密度。确认无误后单击“开始切片”按钮，进行切片。

(6)单击右上角“Print Preview”选项,查看打印统计信息,在可视化窗口检查切片轨迹,如图3-4-32所示。

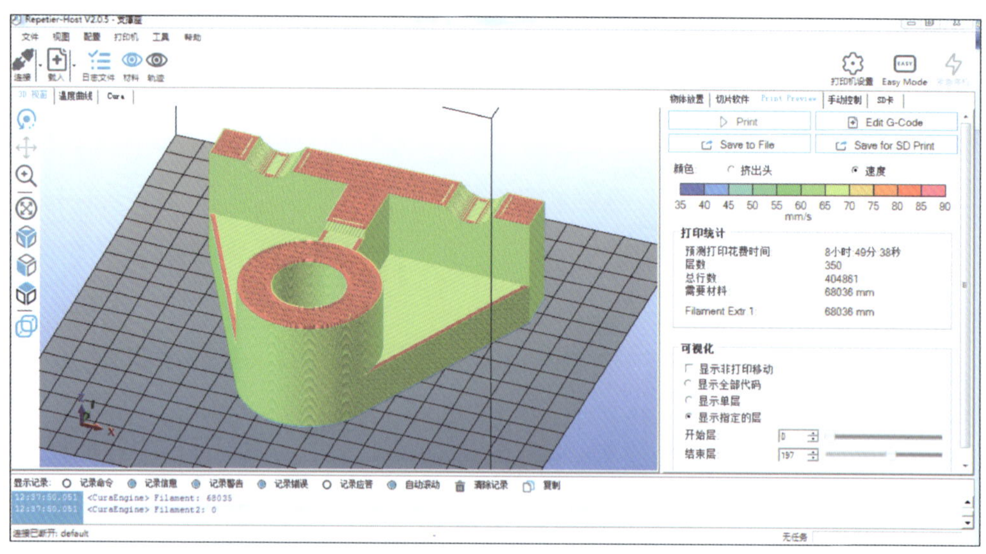

图3-4-32 检查切片轨迹

三、支撑座的联机打印

参照第三篇第三章第五节联机控制功能,完成支撑座的联机打印。

1. Gcode文件直接由电脑端发送的联机打印

切片完成后,直接单击工具栏处“运行任务”命令,打印机开始自动打印。打印过程中不能关闭Repetier-Host软件,否则自动停止。

2. Gcode文件载入SD卡的联机打印

切片完成后,直接单击功能区“SD卡”选项,单击“载入”命令,载入当前生成的代码。完毕后选择文件名直接单击“打印”命令。

第三节 三角形花瓶的3D打印

螺旋外边界打印是CuraEngine切片软件特有的功能,适合打印花瓶等薄壁类零件。打印头会沿着模型外轮廓,以层高为螺距,做螺旋移动打印。本节我们将通过三角形花瓶的3D打印,学习螺旋外边界打印的具体使用方法。三角形花瓶图纸如图3-4-33所示。

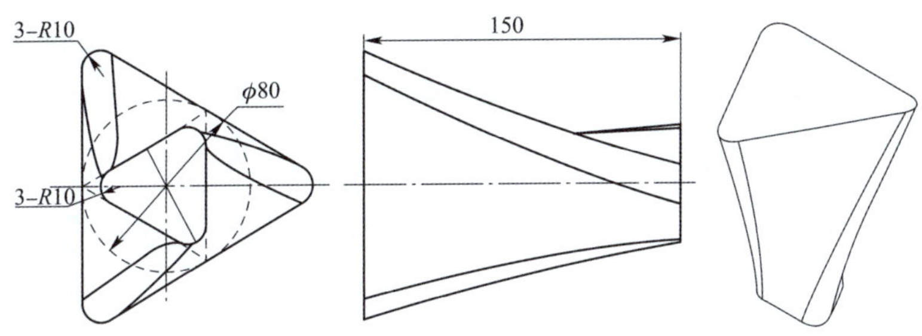

图 3-4-33　三角形花瓶图纸

一、Inventor 软件造型

（1）双击桌面图标，打开 Inventor 软件，如图 3-4-34 所示。

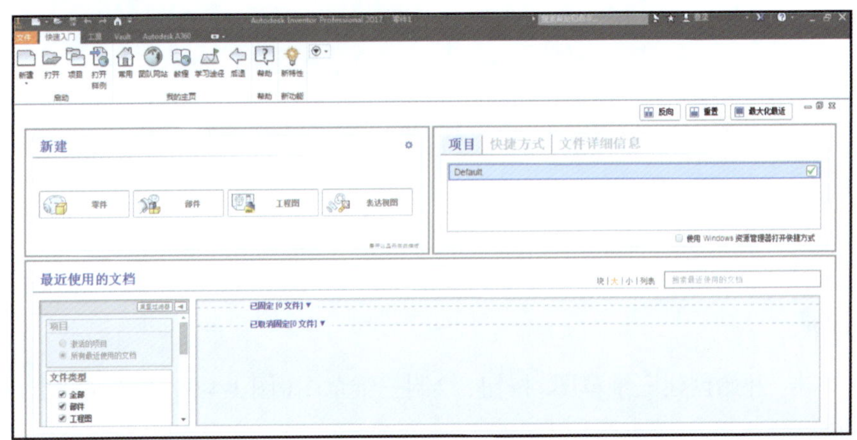

图 3-4-34　Inventor 软件界面

（2）依次单击“文件”—“新建—“零件”命令，弹出三维造型界面，如图 3-4-35 所示。

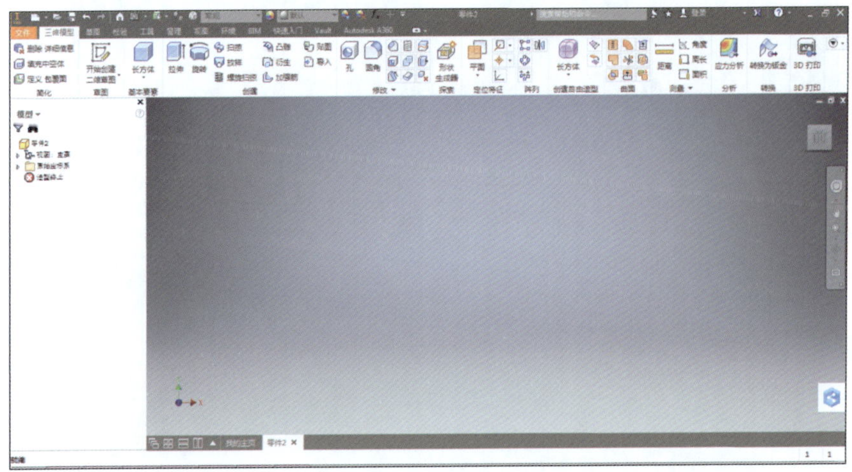

图 3-4-35　三维造型界面

（3）展开“原始坐标系”，右击 xy 平面，在弹出的菜单中选择“新建草图”命令，绘制草图 1（图 3-4-36）。绘制完成后单击“完成草图”按钮。

（4）单击“工作平面”命令，按住原始 xy 平面向上拖动，输入 150，并确定（图 3-4-37）。

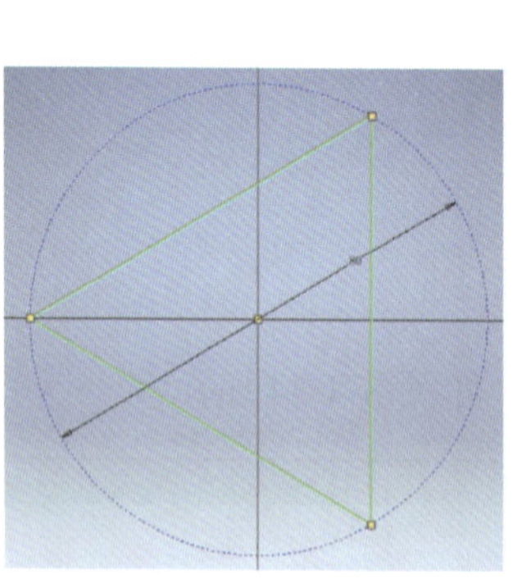

图 3-4-36 绘制草图 1

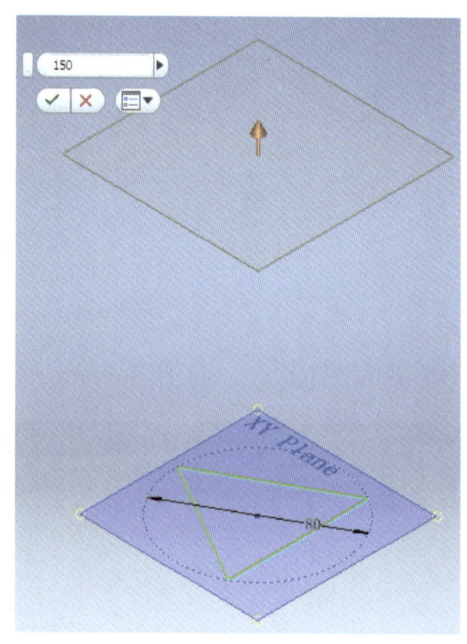

图 3-4-37 新建工作平面

（5）选择“新建工作平面 1”命令，绘制草图 2（图 3-4-38）。绘制完成后单击“完成草图”按钮。

（6）单击“开始创建三维草图”按钮，绘制三维草图（图 3-4-39）。绘制完成后单击“完成草图”按钮。

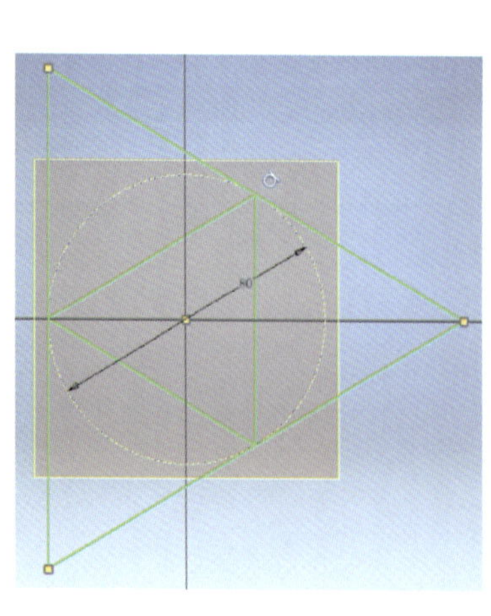

图 3-4-38 绘制草图 2

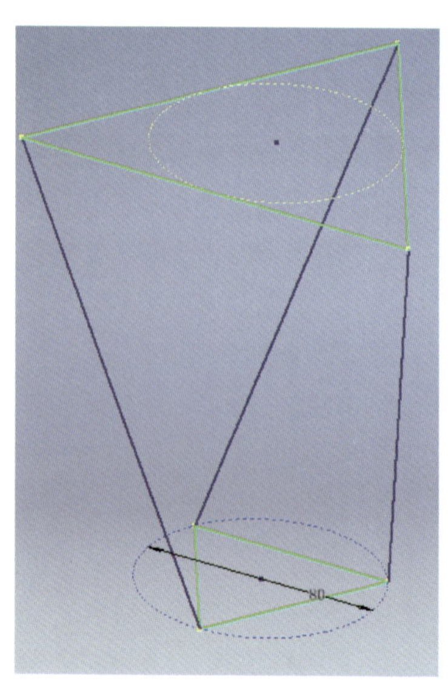

图 3-4-39 绘制三维草图

（7）单击“放样”命令，依次选择两个草图截面及三根轨道线，生成三维模型（图 3-4-40）。

（8）单击“圆角”命令，完成三条竖边圆角的绘制（图 3-4-41）。

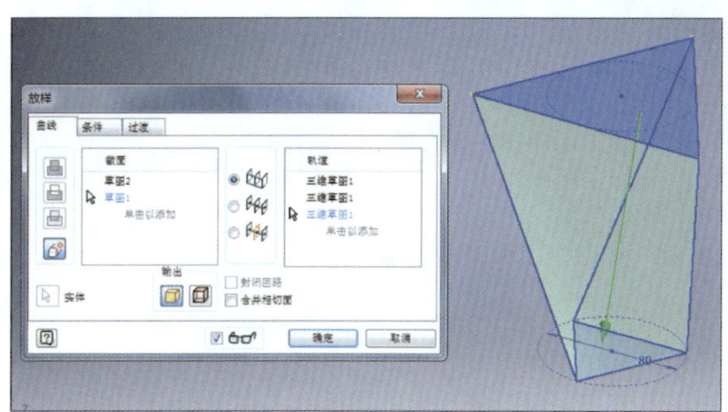

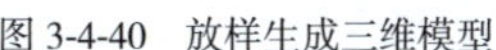
图 3-4-40　放样生成三维模型

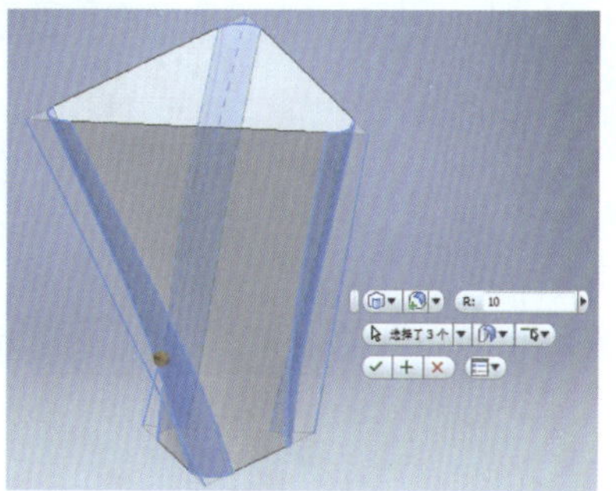
图 3-4-41　绘制圆角

（9）依次单击“文件”—“另存为”—“保存副本为”命令，弹出“保存”对话框。填写文件名，保存类型为 STL 文件，单击“保存”按钮（图 3-4-42）。

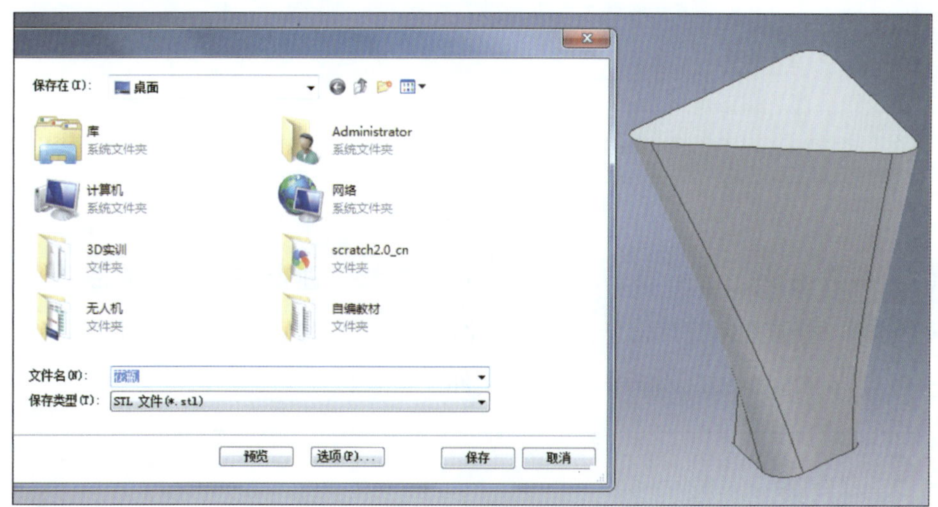

图 3-4-42　保存 STL 文件

注：无须对花瓶模型进行抽壳操作生成薄壁零件。

二、Repetier-Host 切片

（1）将三角形花瓶模型文件导入 Repetier-Host 切片软件中（图 3-4-43）。

（2）将通用挤出机设定为螺旋外边界功能，填充密度为 0，如图 3-4-44 所示，其余参数参照测试件的打印（外壳厚度 0.4）。

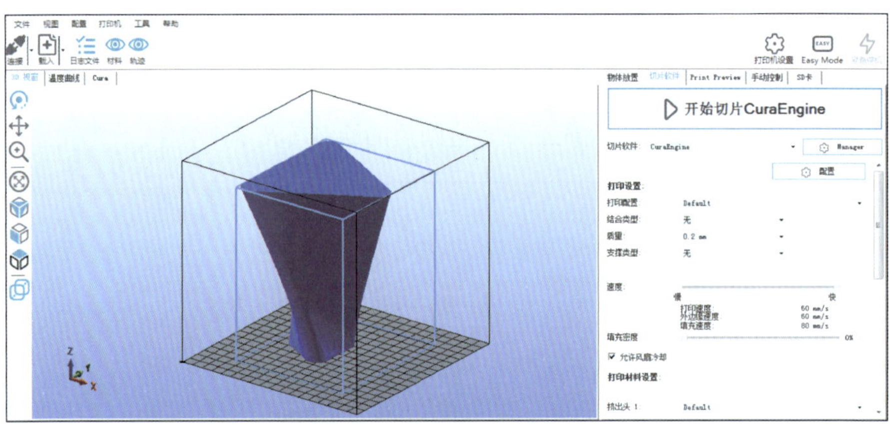

图 3-4-43　载入模型

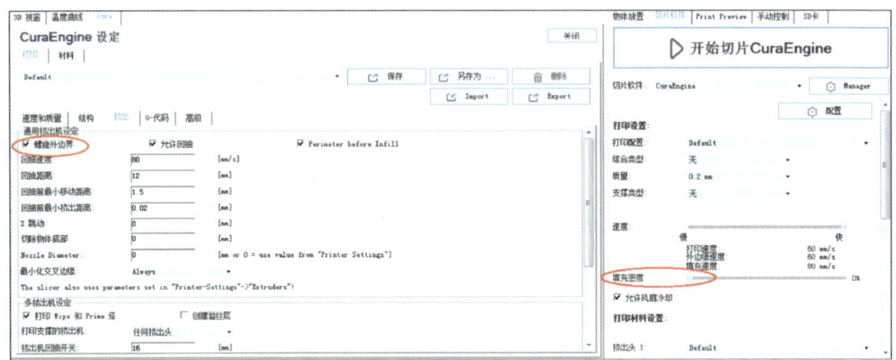

图 3-4-44　参数设置

（3）参数确认无误后单击“开始切片”按钮，进行切片。完成后单击“Print Preview”选项，查看打印统计信息，在可视化窗口检查切片轨迹（图 3-4-45）。确认无误后单击“Save to File”按钮，将 Gcode 打印文件保存至电脑。

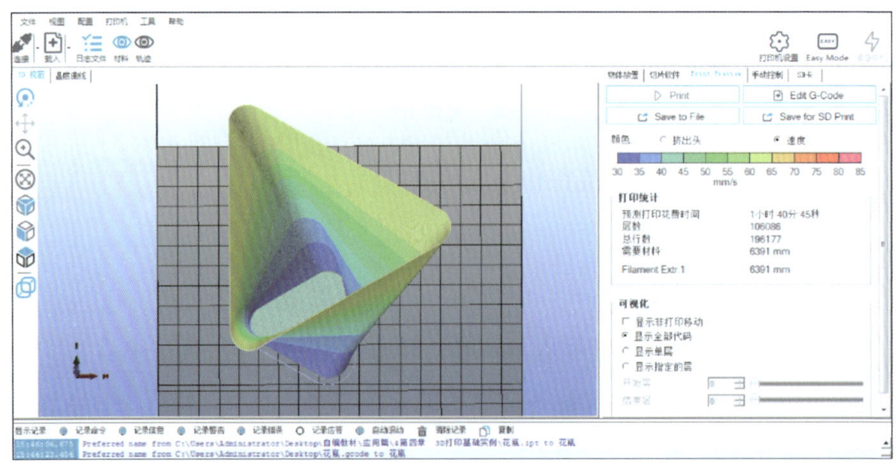

图 3-4-45　查看打印统计信息

三、使用 ChiTu HB 软件控制打印

（1）打开 ChiTu HB 软件，确保 WIFI 正常，3D 打印机与电脑的无线连接正常（图 3-4-46）。

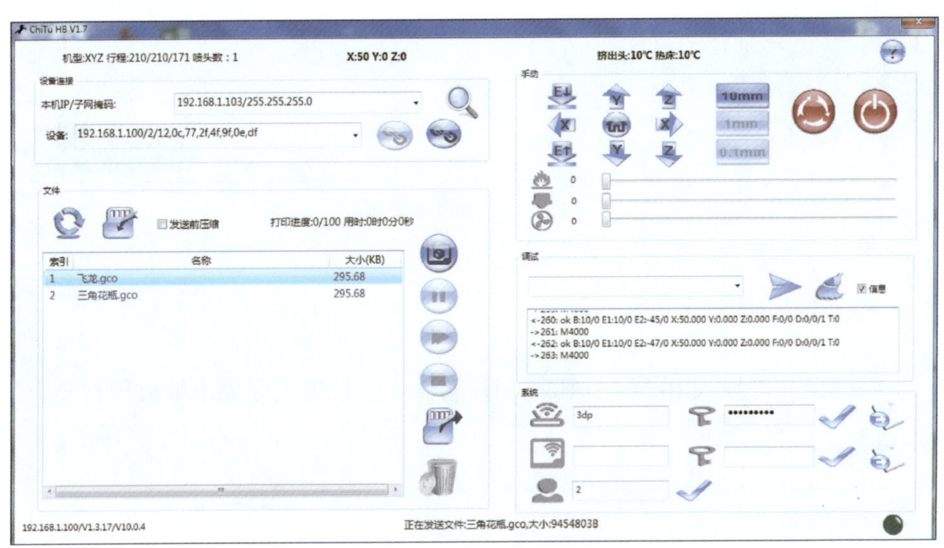

图 3-4-46　ChiTu HB 控制软件界面

（2）单击“文件发送”按钮，将电脑上的 Gcode 文件发送至 3D 打印机 SD 卡里，小文件发送前不需要压缩。

（3）选择需要打印的文件，单击“开始打印”按钮，打印机开始自动打印。打印过程中可关闭电脑。

第四节　飞龙模型的 3D 打印

简单的三维模型我们可以通过各种 CAD 软件自行设计，而复杂的工艺品模型自行设计难度较大，我们可以通过网上搜索并下载使用，此类工艺品对表面粗糙度要求较高，需要在切片软件中设置相应参数。本节我们将以飞龙模型为例，学习复杂模型的下载及打印。

一、模型下载

从网上搜索飞龙模型并下载 STL 文件（图 3-4-47）。

图 3-4-47　模型下载页面

二、模型切片

（1）将模型文件导入 Repetier-Host 切片软件中，根据实际要求缩放模型至合适大小（图 3-4-48）。

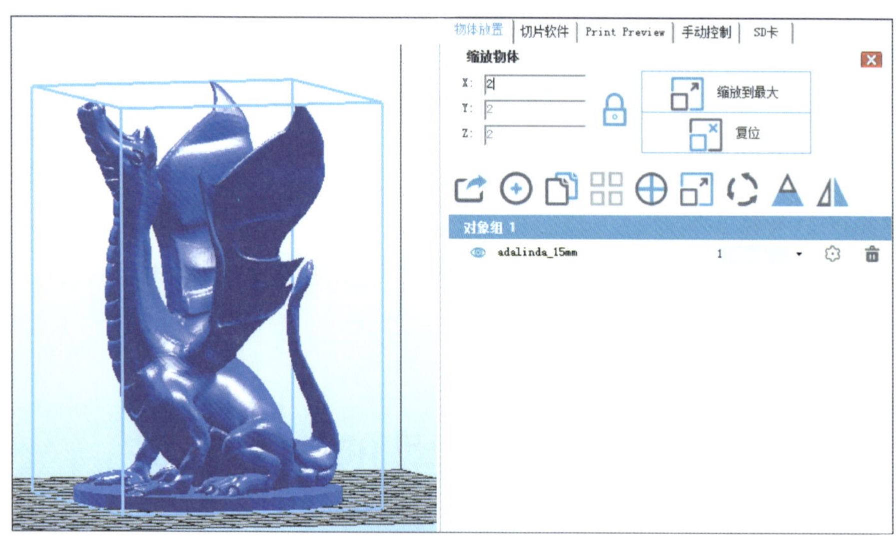

图 3-4-48　缩放模型

（2）飞龙为工艺品摆件，对尺寸精度要求不高，但表面光洁度要好，因此设置层高为 0.15mm，填充密度为 30%，外壳厚度为 1.5。因为飞龙在同一个打印层会出现若干个打印区域，打印头要不出丝快速移动。为了避免拉丝现象的出现，开启允许回抽功能，并设置相关参数（图 3-4-49）。

（3）参数确认无误后单击“开始切片”按钮，进行切片。完成后单击“Print Preview”选项，查看打印统计信息，在可视化窗口检查切片轨迹（图 3-4-50）。确认无误后单击“Save to File”按钮，将 Gcode 打印文件保存至电脑，或单击“Save For SD Pint”按钮，直接将 Gcode 打印文件保存至 SD 卡中。

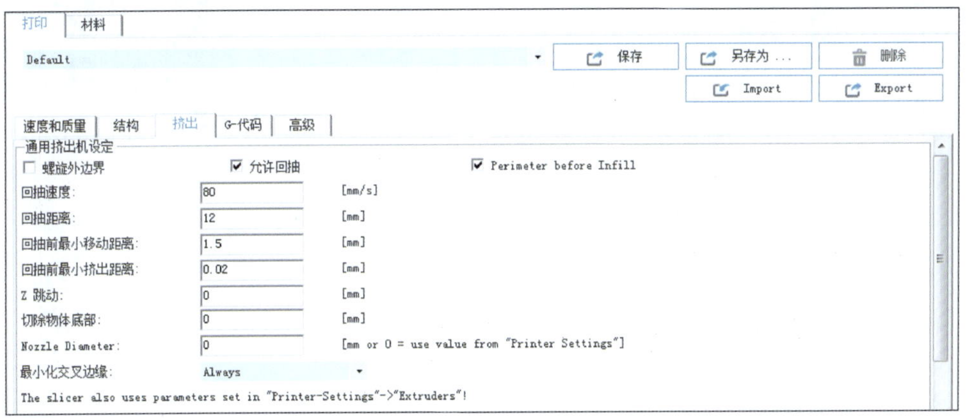

图 3-4-49 参数设置

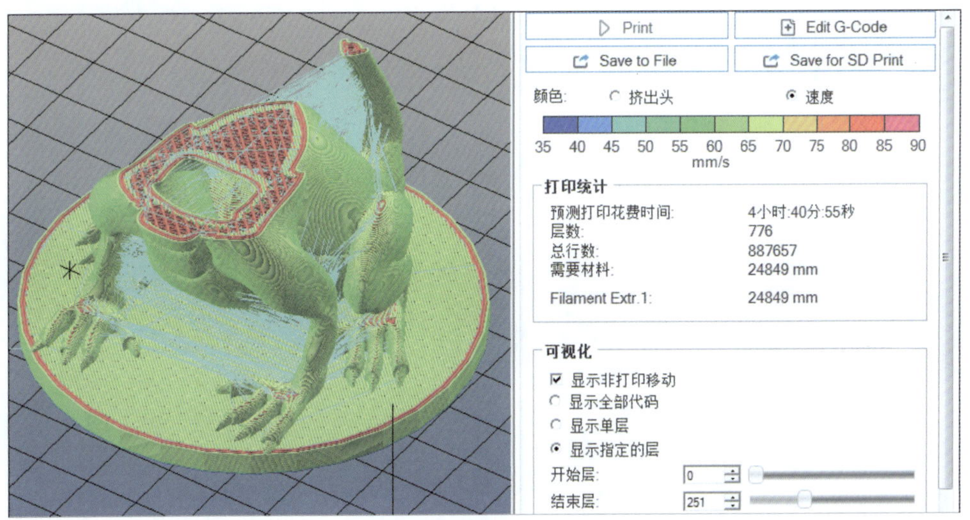

图 3-4-50 查看打印统计信息

三、使用 ChiTuPro 软件控制多台打印

（1）打开 ChiTuPro 软件，确保 WIFI 连接正常，多台打印机与电脑的无线连接正常（图 3-4-51）。

（2）在“设备信息与操作”界面勾选多设备，并选择被使用的多台 3D 打印机。

（3）选择需要打印的文件，单击“文件发送”按钮，文件被同时发送至选定的打印机 SD 卡中。

（4）单击“开始打印”按钮，多台打印机同时开始打印。

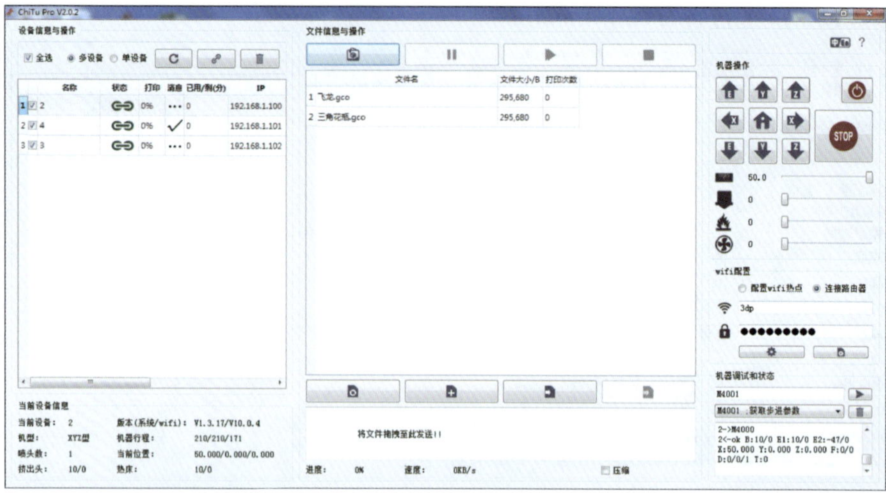

图 3-4-51　ChiTuPro 控制软件界面

第五章 3D 打印实训——创意设计与打印

第一节 六板益智锁的创意设计与打印

一、任务要求

（1）根据六板益智锁图纸（图 3-5-1），利用 CAD 软件完成三维建模（填写造型记录表），并保存为 STL 文件。

（2）将模型文件导入切片软件，根据使用要求设置适当参数（填写切片参数记录表），完成模型切片并保存为 Gcode 文件。

（3）打印模型，处理细节。

（4）尝试组装六板益智锁。

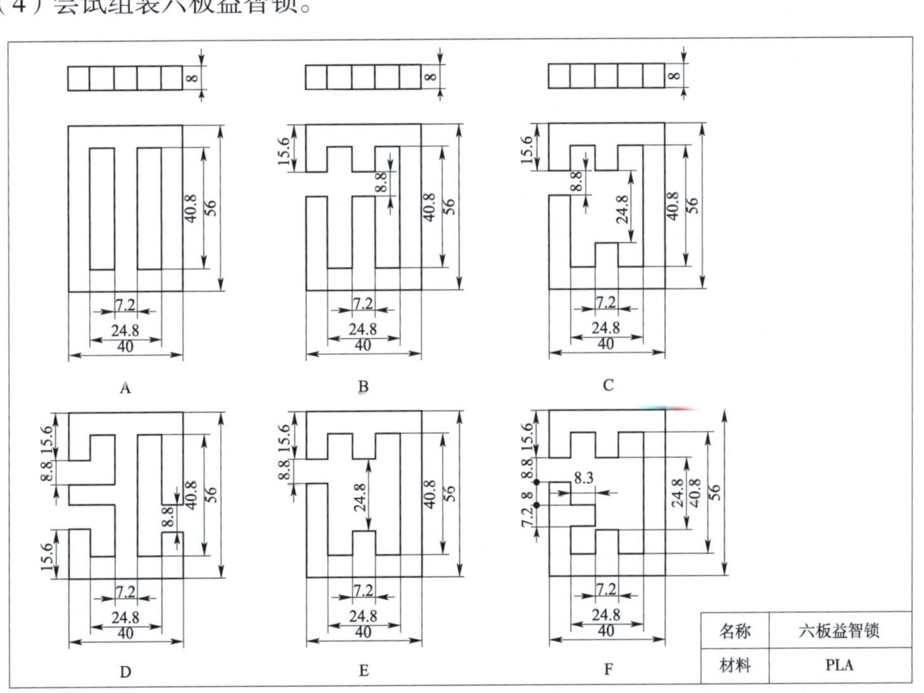

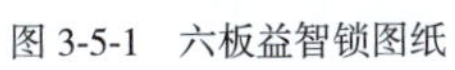
图 3-5-1　六板益智锁图纸

二、造型记录表

造型记录表见表 3-5-1。

造型记录表 表 3-5-1

零件	特征生成方法	草图	备注（拉伸尺寸）
A			
B			
C			
D			
E			
F			

三、主要切片参数记录表

主要切片参数记录表见表 3-5-2。

主要切片参数记录表（CuraEngine） 表 3-5-2

层高	外壳厚度	顶层/底层厚度	填充重叠	填充图案	填充密度
结合类型	支撑类型	顶层实体填充	底层实体填充	允许回抽	是否允许风扇冷却

四、任务完成记录表

任务完成记录表见表 3-5-3（每完成一项打钩）。

任务完成记录表　　表 3-5-3

模　型	造　型	切　片	打印及后处理	组　装
A				
B				
C				
D				
E				
F				

五、趣味组装参考

趣味组装参考见表 3-5-4。

趣味组装参考　　表 3-5-4

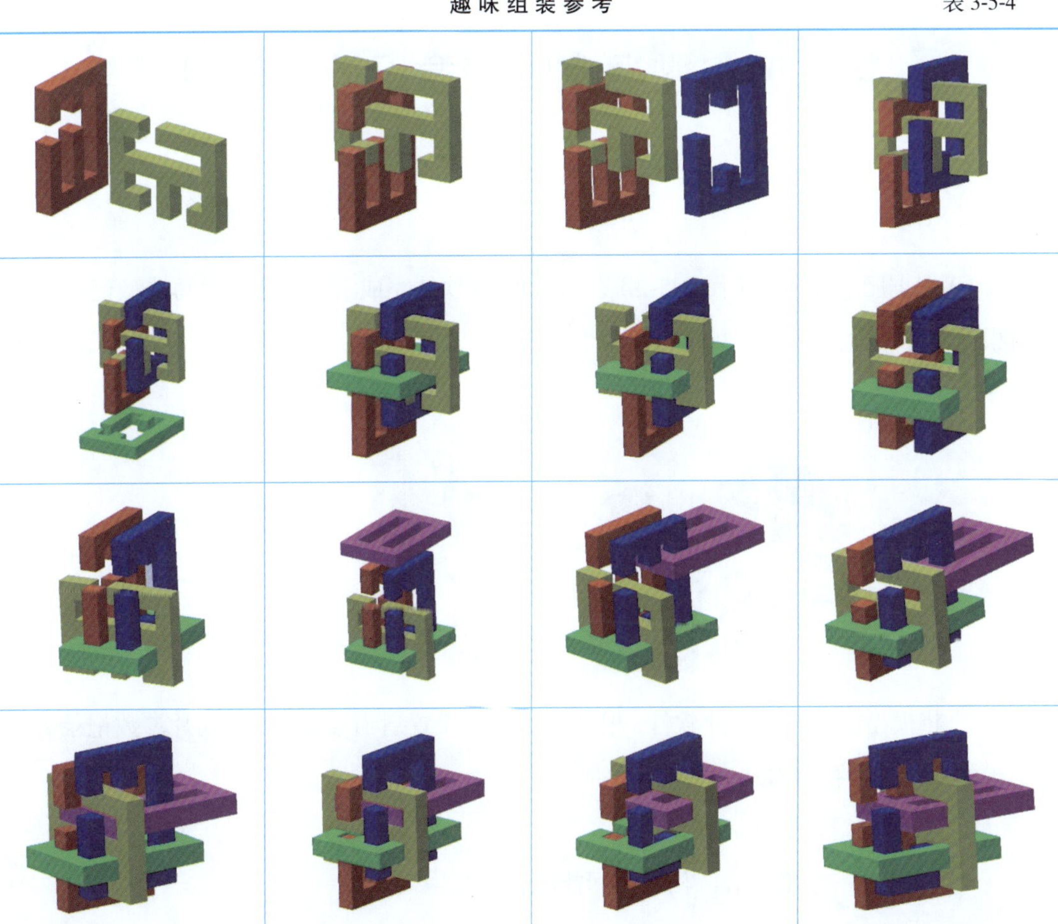

续上表

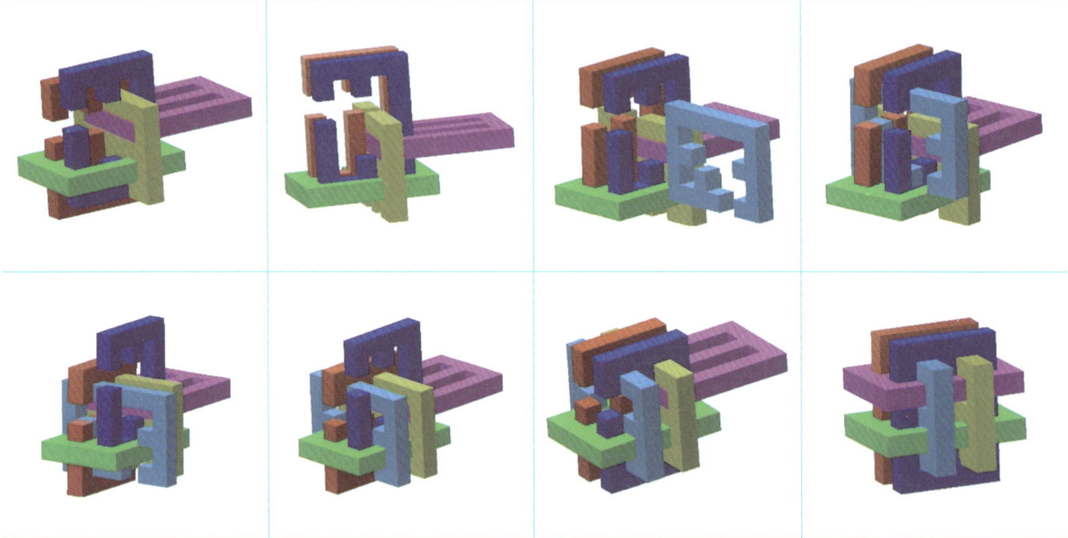

第二节 肥皂盒的创意设计与打印

一、任务要求

（1）根据肥皂盒图纸（图 3-5-2），利用 CAD 软件完成三维建模（填写造型记录表）。同时根据实际用途需求在模型底面及两个侧面进行创意设计，如方格或文字等，完成后保存为 STL 文件。

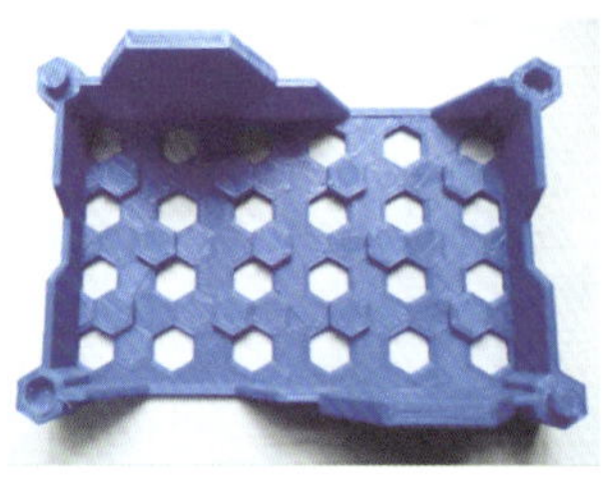

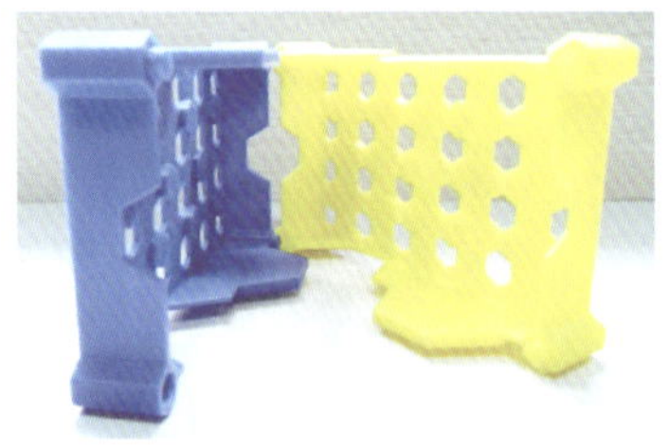

（2）将模型文件导入切片软件，根据使用要求设置适当参数（填写切片参数记录表），完成模型切片并保存为 Gcode 文件。

（3）打印模型，处理细节。

（4）设计另一个肥皂盒，相互之间能配合。

（5）尝试组装两个肥皂盒。

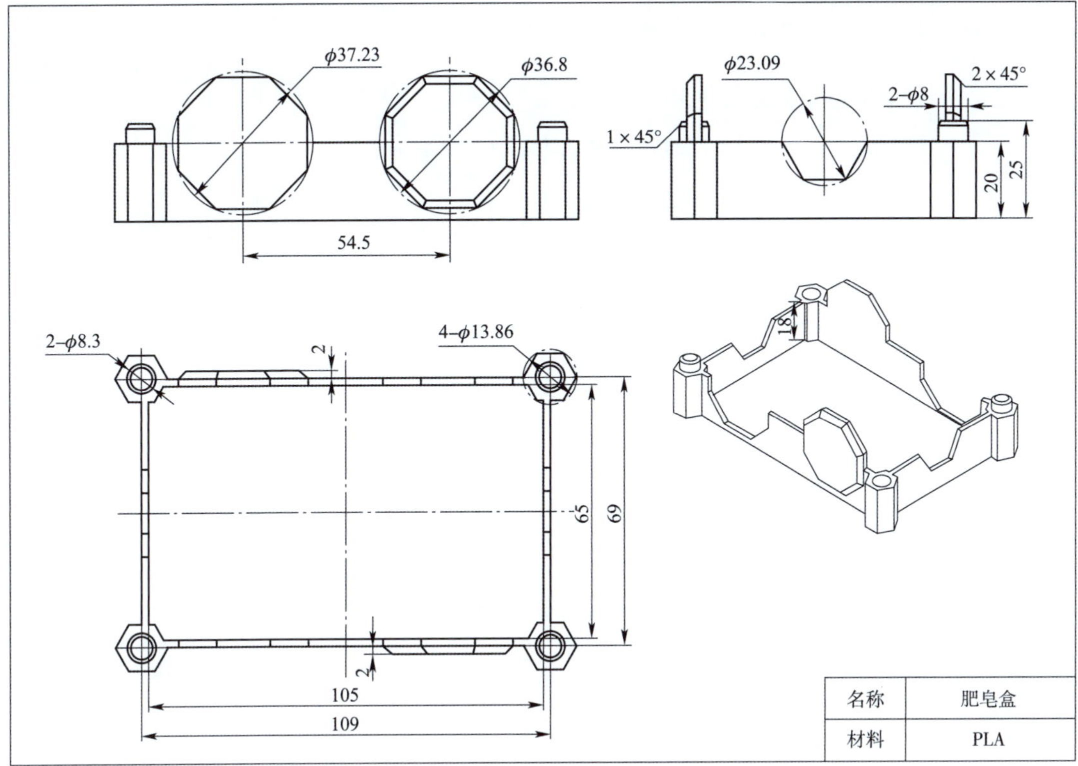

图 3-5-2　肥皂盒图纸

二、造型记录表

造型记录表见表 3-5-5。

造型记录表 表 3-5-5

步骤	特征生成方法	草　图	备注	步骤	特征生成方法	草　图	备注
1				7			
2				8			
3				9			
4				10			
5				11			
6				12			

三、主要切片参数记录表

主要切片参数记录表见表 3-5-6。

主要切片参数记录表（CuraEngine）　　表 3-5-6

层　高	外壳厚度	顶层 / 底层厚度	填充重叠	填充图案	填充密度
结合类型	支撑类型	顶层实体填充	底层实体填充	允许回抽	是否允许风扇冷却

四、任务完成记录表

任务完成记录表见表 3-5-7（每完成一项打钩）。

任务完成记录表　　表 3-5-7

模　型	造　型	切　片	打印及后处理	组　装
基础模型				
创意设计				
另一个模型				
创意设计				

第三节　白板书写笔架的创意设计与打印

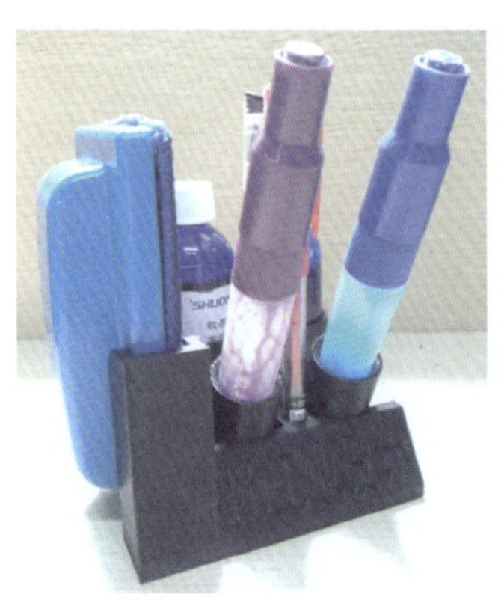

一、任务要求

（1）根据教室所用白板书写工具尺寸，结合图纸样式（图 3-5-3），利用 CAD 软件完成笔架的功能性设计造型（填写造型记录表），并保存为 STL 文件。

（2）将模型文件导入切片软件，根据使用要求设置适当参数（填写切片参数记录表），完成模型切片并保存为 Gcode 文件。

（3）打印模型，处理细节。

（4）将书写工具放置在笔架上验证尺寸的精确性。

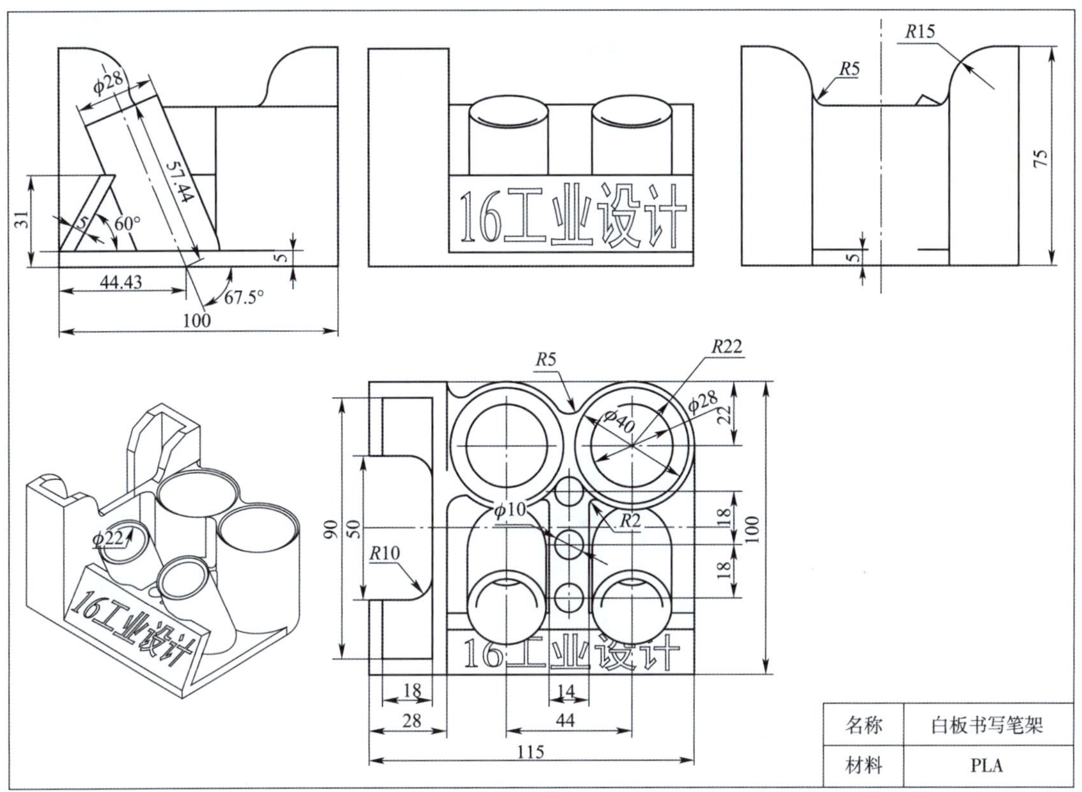

图 3-5-3　白板书写笔架

二、造型记录表

造型记录表见表 3-5-8。

造型记录表　　表 3-5-8

步骤	特征生成方法	草　图	备注	步骤	特征生成方法	草　图	备注
1				8			
2				9			
3				10			
4				11			
5				12			
6				13			
7				14			

三、主要切片参数记录表

主要切片参数记录表见表 3-5-9。

主要切片参数记录表（CuraEngine） 表 3-5-9

层　高	外壳厚度	顶层 / 底层厚度	填充重叠	填充图案	填充密度
结合类型	支撑类型	顶层实体填充	底层实体填充	允许回抽	是否允许风扇冷却

四、任务完成记录表

任务完成记录表见表 3-5-10（每完成一项打钩）。

任务完成记录表 表 3-5-10

模　型	造　型	切　片	打印及后处理	尺寸合理性
笔架				

第四节　圆形时钟的创意设计与打印

一、任务要求

（1）根据图纸尺寸，利用 CAD 软件完成时钟零件造型（填写造型记录表），并保存为 STL 文件。

（2）将模型文件导入切片软件，根据使用要求设置适当参数（填写切片参数记录表），完成模型切片并保存为 Gcode 文件。

（3）打印模型，处理细节。

（4）组装时钟框架，安装机芯，确保走时精准。

二、零件的打印

1. 机芯安装件的打印

机芯安装件图纸如图 3-5-4 所示。

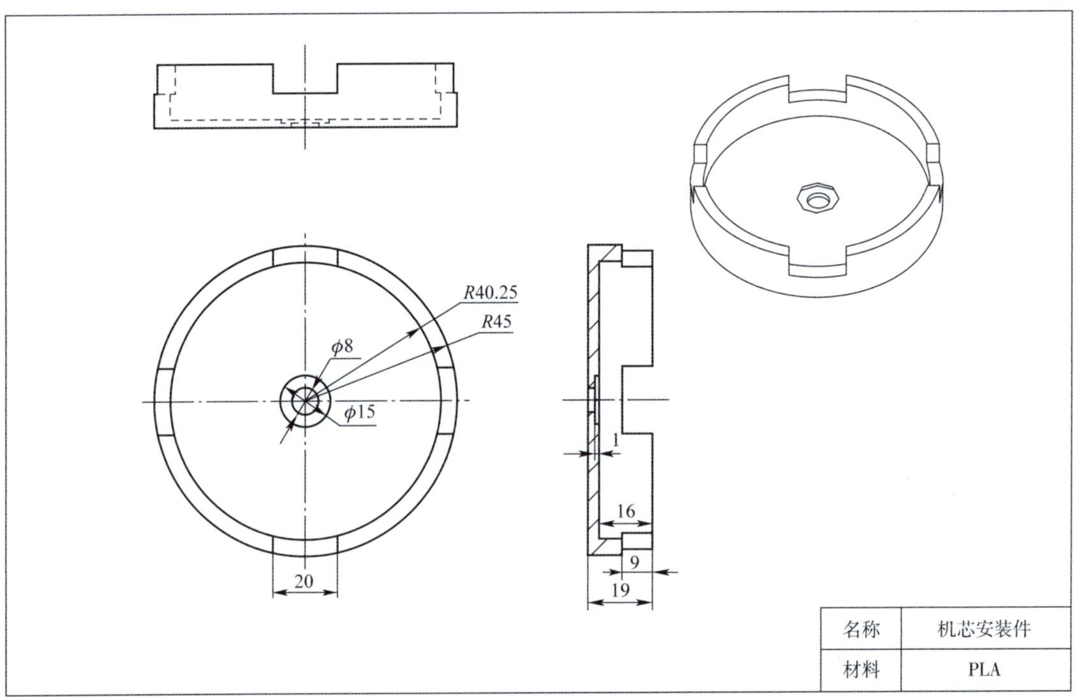

图 3-5-4 机芯安装件图纸（尺寸单位：mm）

（1）机芯安装件造型记录表见表 3-5-11。

机芯安装件造型记录表 表 3-5-11

步骤	特征生成方法	草　图	备注	步骤	特征生成方法	草　图	备注
1				3			
2				4			

（2）机芯安装件主要切片参数记录表见表 3-5-12（CuraEngine）。

机芯安装件主要切片参数记录表 表 3-5-12

层　高	外壳厚度	顶层 / 底层厚度	填充重叠	填充图案	填充密度
结合类型	支撑类型	顶层实体填充	底层实体填充	允许回抽	是否允许风扇冷却

2. 刻度盘的打印

刻度盘图纸如图 3-5-5 所示。

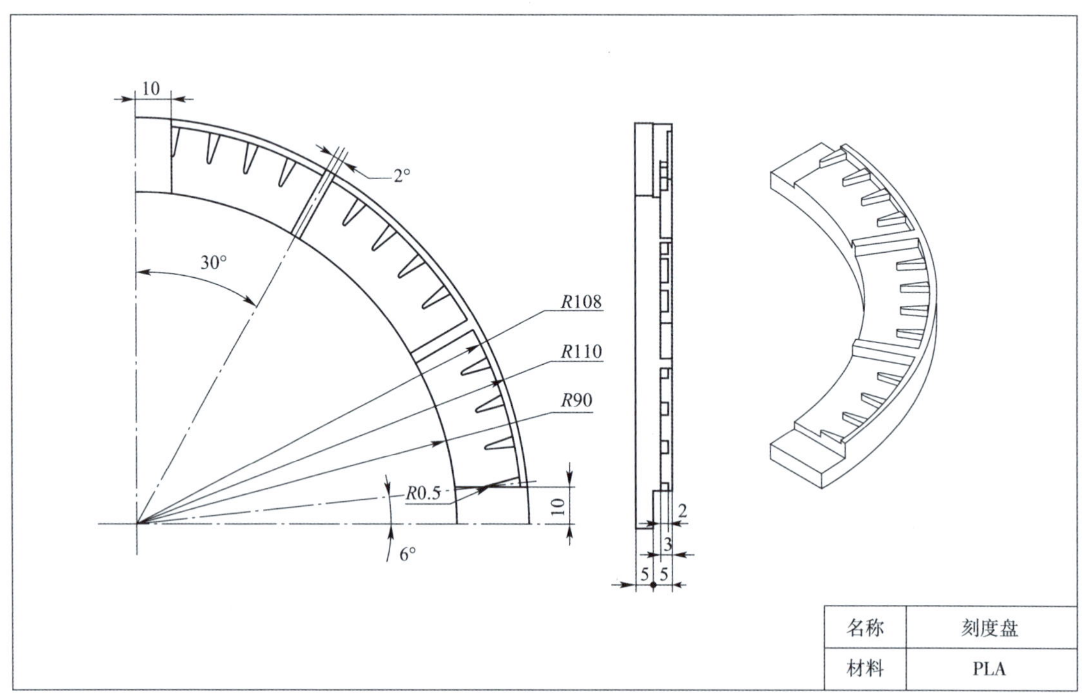

图 3-5-5 刻度盘图纸（尺寸单位：mm）

（1）刻度盘造型记录表见表 3-5-13。

刻度盘造型记录表 表 3-5-13

步骤	特征生成方法	草　图	备注	步骤	特征生成方法	草　图	备注
1				4			
2				5			
3				6			

（2）刻度盘主要切片参数记录表见表 3-5-14（CuraEngine）。

刻度盘主要切片参数记录表 表 3-5-14

层　高	外壳厚度	顶层 / 底层厚度	填充重叠	填充图案	填充密度
结合类型	支撑类型	顶层实体填充	底层实体填充	允许回抽	是否允许风扇冷却

3. 连接件的打印

连接件图纸如图 3-5-6 所示。

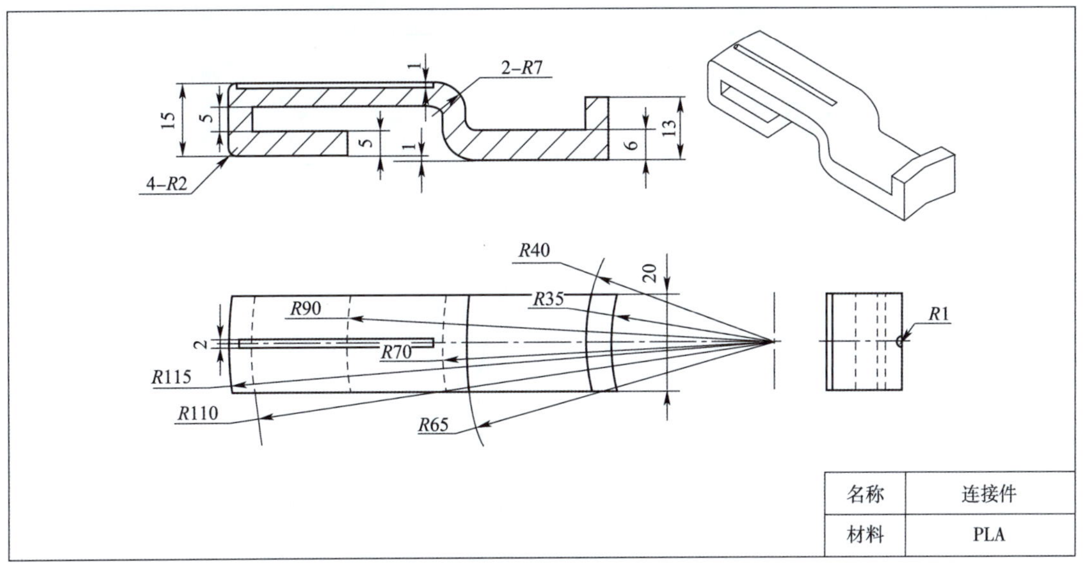

图 3-5-6 连接件图纸（尺寸单位：mm）

（1）连接件造型记录表见表 3-5-15。

连接件造型记录表 表 3-5-15

步骤	特征生成方法	草 图	备注	步骤	特征生成方法	草 图	备注
1				4			
2				5			
3				6			

（2）连接件主要切片参数记录表见表 3-5-16（CuraEngine）。

连接件主要切片参数记录表 表 3-5-16

层 高	外壳厚度	顶层 / 底层厚度	填充重叠	填充图案	填充密度
结合类型	支撑类型	顶层实体填充	底层实体填充	允许回抽	是否允许风扇冷却

三、根据组装图装配圆形时钟

时钟组装图如图 3-5-7 所示。

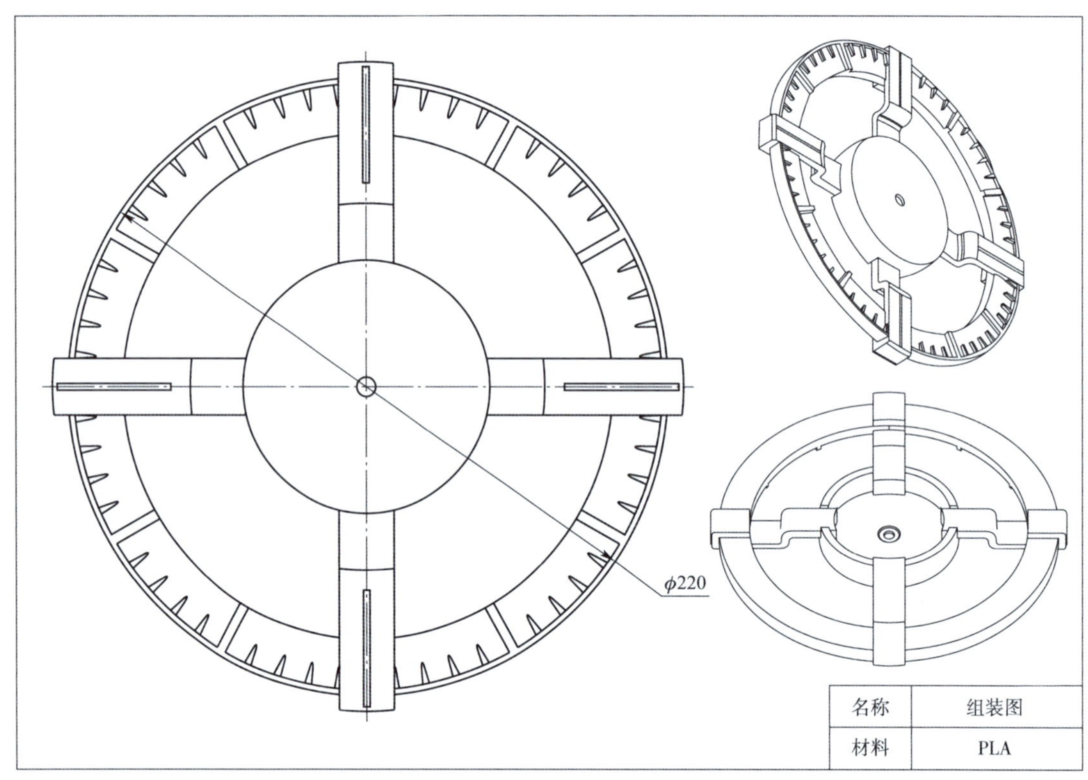

图 3-5-7　时钟组装图（尺寸单位：mm）

四、任务完成记录表

任务完成记录表见表 3-5-17（每完成一项打钩）。

任务完成记录表　　表 3-5-17

模　型	造　型	切　片	打印及后处理	组　装
刻度盘				
连接件				
机芯安装件				

第五节　笔筒的创意设计与打印

一、任务要求

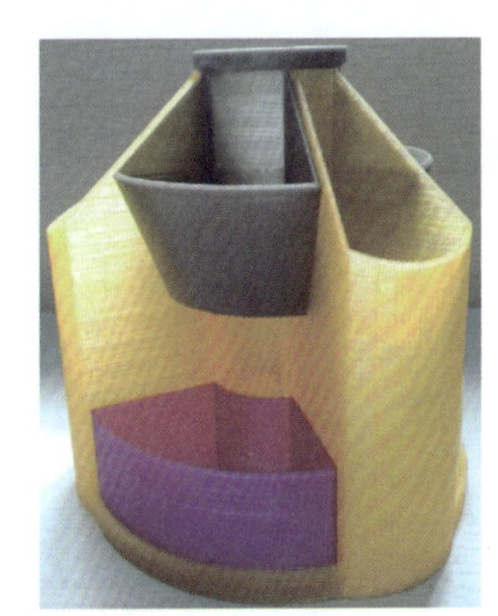

（1）根据图纸尺寸，利用 CAD 软件完成笔筒零件造型（填写造型记录表），并保存为 STL 文件。

（2）将模型文件导入切片软件，根据使用要求设置适当参数（填写切片参数记录表），完成模型切片并保存为 Gcode 文件。

（3）打印模型，处理细节。

（4）组装笔筒。

二、零件的打印

1. 主体的打印

主体图纸如图 3-5-8 所示。

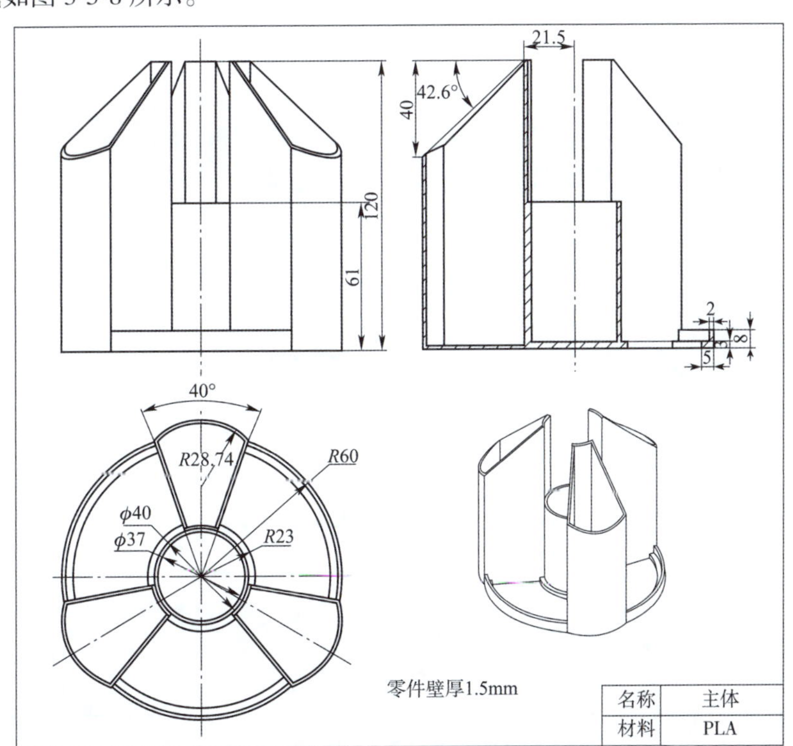

图 3-5-8　主体图纸（尺寸单位：mm）

（1）主体造型记录表见表 3-5-18。

表 3-5-18

主体造型记录

步骤	特征生成方法	草图	备注	步骤	特征生成方法	草图	备注
1				6			
2				7			
3				8			
4				9			
5				10			

（2）主体主要切片参数记录表见表 3-5-19（CuraEngine）。

表 3-5-19

主体主要切片参数记录表

层高	外壳厚度	顶层 / 底层厚度	填充重叠	填充图案	填充密度
结合类型	支撑类型	顶层实体填充	底层实体填充	允许回抽	是否允许风扇冷却

2. 小格子的打印

小格子图纸如图 3-5-9 所示。

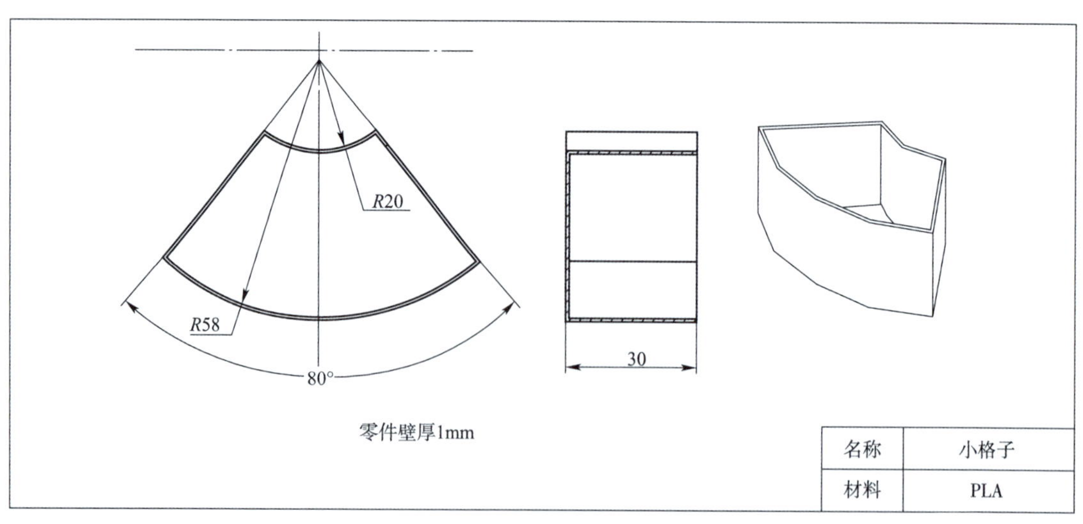

图 3-5-9　小格子图纸（尺寸单位：mm）

（1）小格子造型记录表见表 3-5-20。

小格子造型记录表　　表 3-5-20

步骤	特征生成方法	草　图	备注	步骤	特征生成方法	草　图	备注
1				2			

（2）小格子主要切片参数记录表见表 3-5-21（CuraEngine）。

小格子主要切片参数记录表　　表 3-5-21

层　高	外壳厚度	顶层 / 底层厚度	填充重叠	填充图案	填充密度
结合类型	支撑类型	顶层实体填充	底层实体填充	允许回抽	是否允许风扇冷却

3. 上盖的打印

上盖图纸如图 3-5-10 所示。

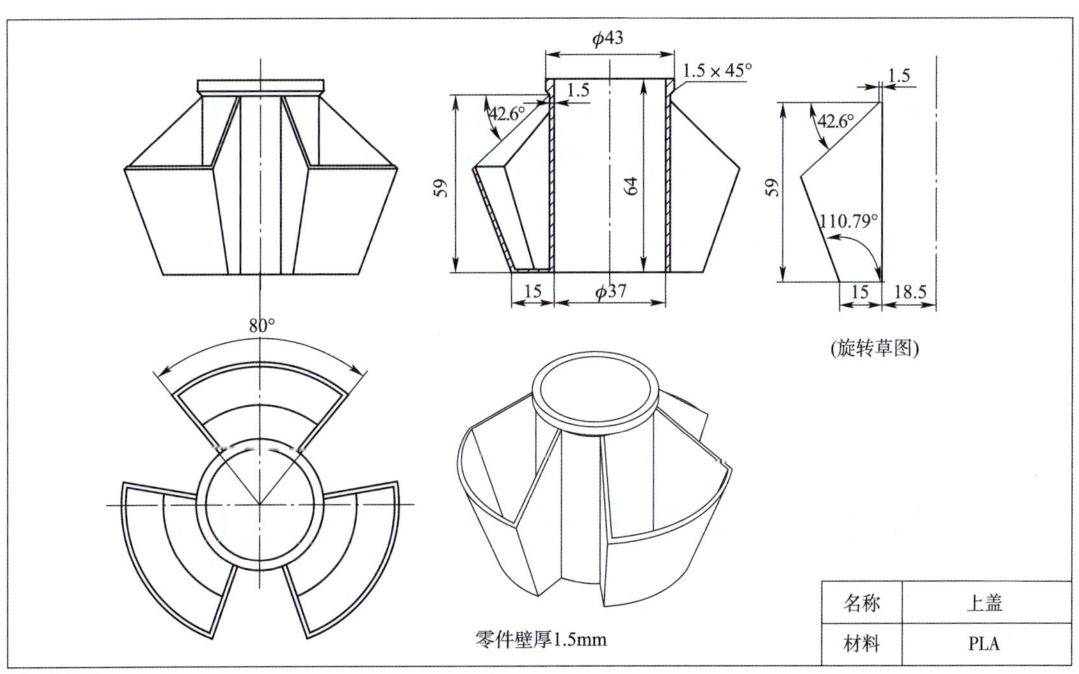

图 3-5-10　上盖图纸（尺寸单位：mm）

（1）上盖造型记录表见表 3-5-22。

上盖造型记录表　　表 3-5-22

步骤	特征生成方法	草　图	备注	步骤	特征生成方法	草　图	备注
1				4			
2				5			
3				6			

（2）上盖主要切片参数记录表见表 3-5-23（CuraEngine）。

上盖主要切片参数记录表　　表 3-5-23

层　高	外壳厚度	顶层 / 底层厚度	填充重叠	填充图案	填充密度
结合类型	支撑类型	顶层实体填充	底层实体填充	允许回抽	是否允许风扇冷却

三、任务完成记录表

任务完成记录表见表 3-5-24（每完成一项打钩）。

任务完成记录表　　表 3-5-24

模　型	造　型	切　片	打印及后处理	组　装
主体				
小格子				
上盖				

第六节　旋转照片架的创意设计与打印

一、任务要求

（1）根据图纸尺寸，利用 CAD 软件完成旋转照片架的零件造型（填写造型记录表），并保存为 STL 文件。（旋转轴和底部圆柱的制作可利用水笔芯及笔套，因此要根据实际情况修改图纸尺寸。）

（2）将模型文件导入切片软件，根据使用要求设置适当参数（填写切片参数记录表），完成模型切片并保存为 Gcode 文件。

（3）打印模型，处理细节。

（4）组装照片架。

二、零件的打印

1. 支架的打印

支架图纸如图 3-5-11 所示。

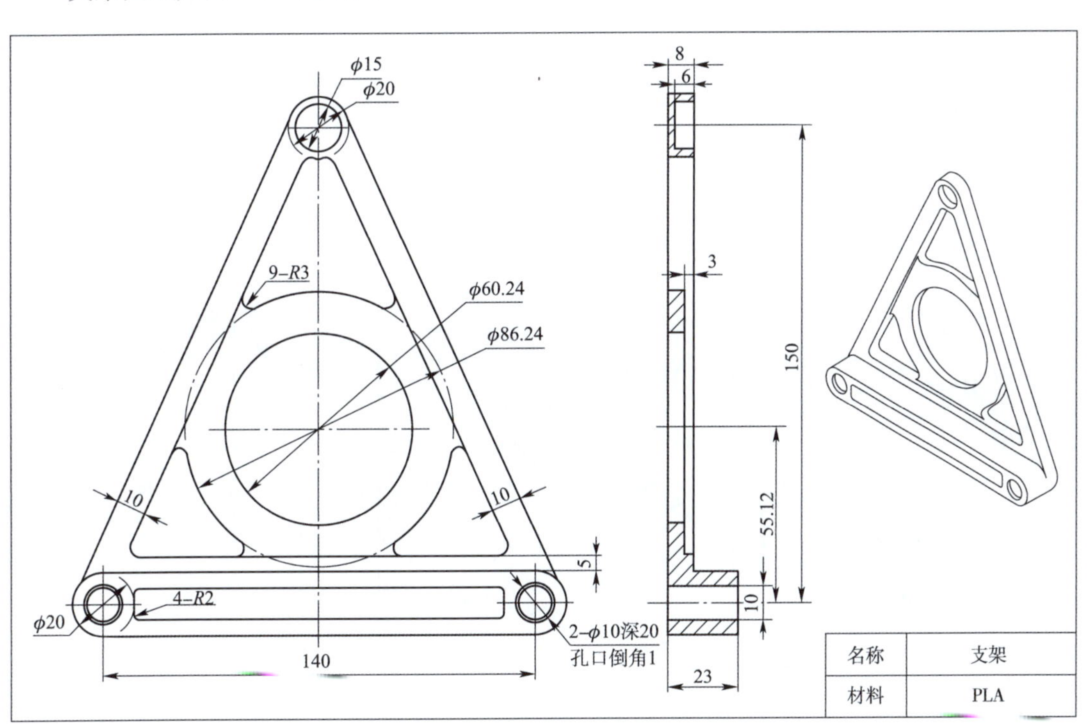

图 3-5-11　支架图纸（尺寸单位：mm）

（1）支架造型记录表见表 3-5-25。

（2）支架主要切片参数记录表见表 3-5-26（CuraEngine）。

2. 六角板的打印

六角板图纸如图 3-5-12 所示。

支架造型记录表 表 3-5-25

步骤	特征生成方法	草　图	备注	步骤	特征生成方法	草　图	备注
1				5			
2				6			
3				7			
4				8			

支架主要切片参数记录表 表 3-5-26

层　高	外壳厚度	顶层 / 底层厚度	填充重叠	填充图案	填充密度
结合类型	支撑类型	顶层实体填充	底层实体填充	允许回抽	是否允许风扇冷却

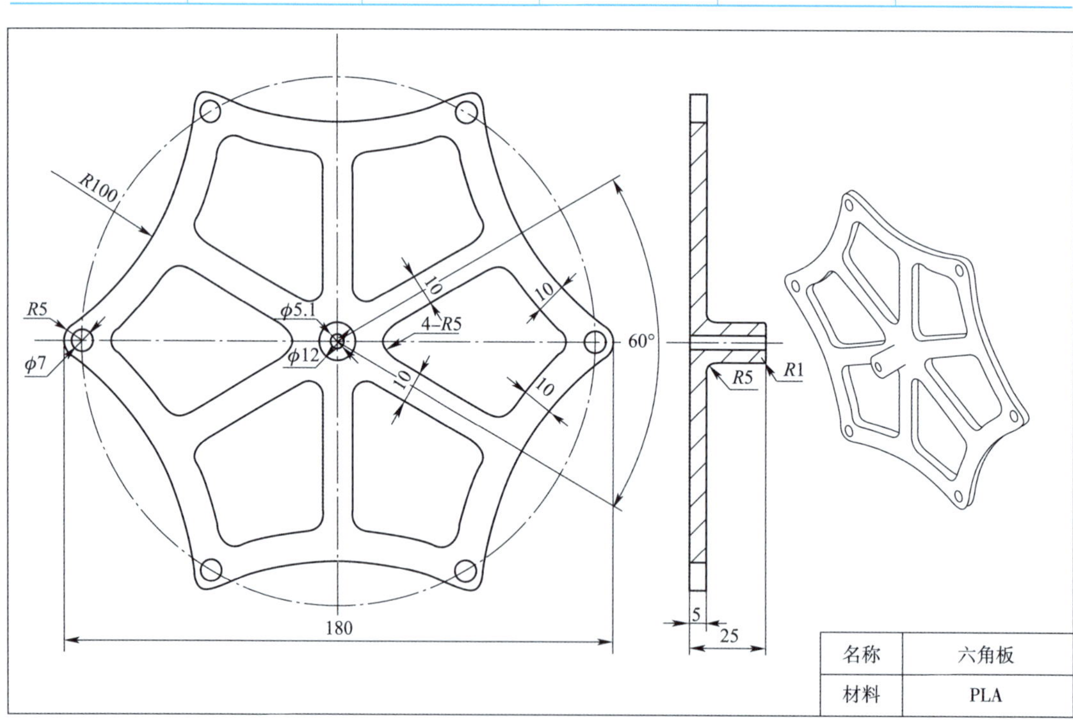

图 3-5-12 六角板图纸（尺寸单位：mm）

（1）六角板造型记录表见表 3-5-27。

（2）六角板主要切片参数记录表见表 3-5-28（CuraEngine）。

六角板造型记录表 表 3-5-27

步骤	特征生成方法	草　图	备注	步骤	特征生成方法	草　图	备注
1				3			
2				4			

六角板主要切片参数记录表 表 3-5-28

层　高	外壳厚度	顶层 / 底层厚度	填充重叠	填充图案	填充密度
结合类型	支撑类型	顶层实体填充	底层实体填充	允许回抽	是否允许风扇冷却

3. 照片粘贴板的打印

照片粘贴板图纸如图 3-5-13 所示。

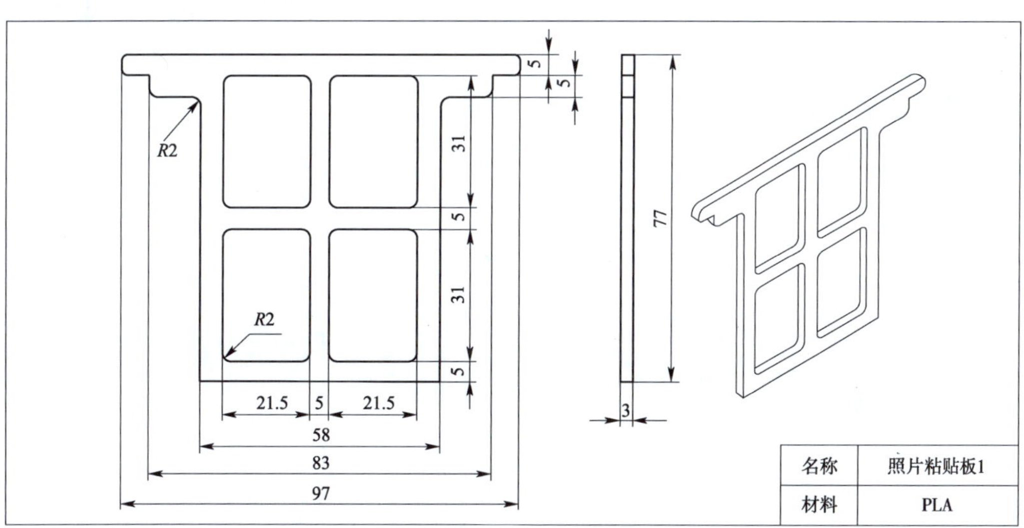

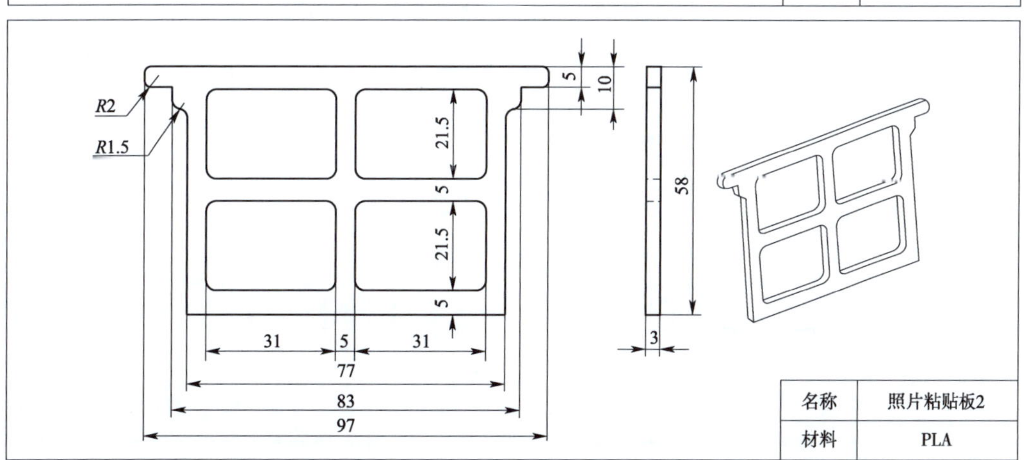

图 3-5-13　照片粘贴板图纸（尺寸单位：mm）

（1）照片粘贴板造型记录表见表 3-5-29。

照片粘贴板造型记录表 表 3-5-29

步骤	特征生成方法	草　图	备注	步骤	特征生成方法	草　图	备注
1				3			
2				4			

（2）照片粘贴板主要切片参数记录表见表 3-5-30（CuraEngine）。

照片粘贴片主要切片参数记录表 表 3-5-30

层　高	外壳厚度	顶层 / 底层厚度	填充重叠	填充图案	填充密度
结合类型	支撑类型	顶层实体填充	底层实体填充	允许回抽	是否允许风扇冷却

4. 支撑套的打印

支撑套图纸如图 3-5-14 所示。

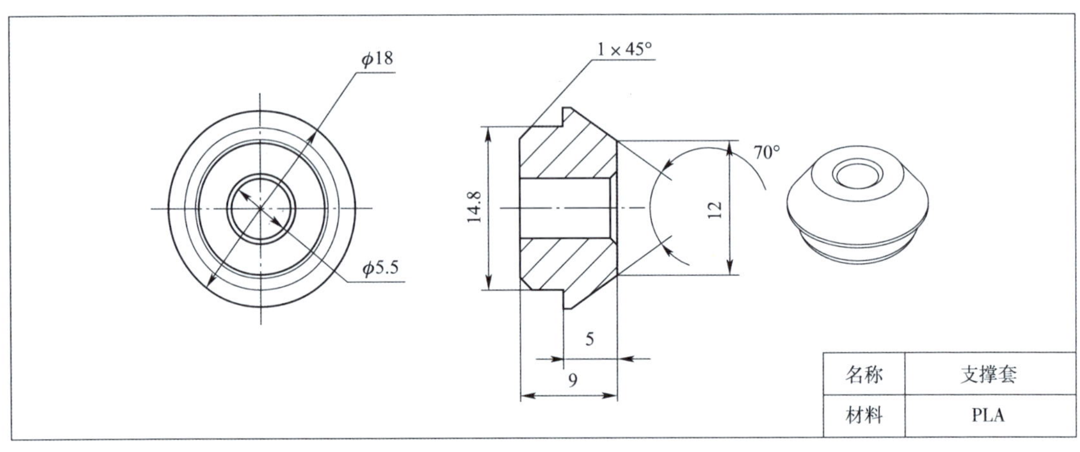

图 3-5-14　支撑套图纸（尺寸单位：mm）

（1）支撑套造型记录表见表 3-5-31。

支撑套造型记录表 表 3-5-31

步骤	特征生成方法	草　图	备注	步骤	特征生成方法	草　图	备注
1				2			

（2）支撑套主要切片参数记录表见表 3-5-32（CuraEngine）。

支撑套主要切片参数记录表 表 3-5-32

层　高	外壳厚度	顶层 / 底层厚度	填充重叠	填充图案	填充密度
结合类型	支撑类型	顶层实体填充	底层实体填充	允许回抽	是否允许风扇冷却

三、组装旋转照片架

按图 3-5-15 组装旋转照片照。

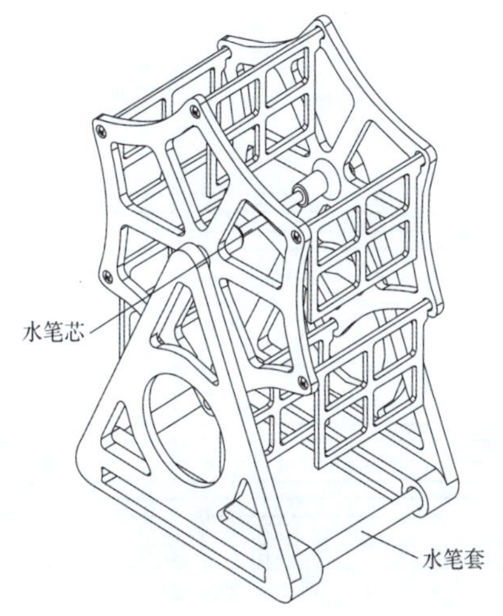

图 3-5-15　组装旋转照片架

四、任务完成记录表

任务完成记录表见表 3-5-33（每完成一项打钩）。

任务完成记录表 表 3-5-33

模　型	造　型	切　片	打印及后处理	组　装
支架				
六角板				
照片粘贴板				
支撑套				

附录 打印机零件加工图纸

附录 1

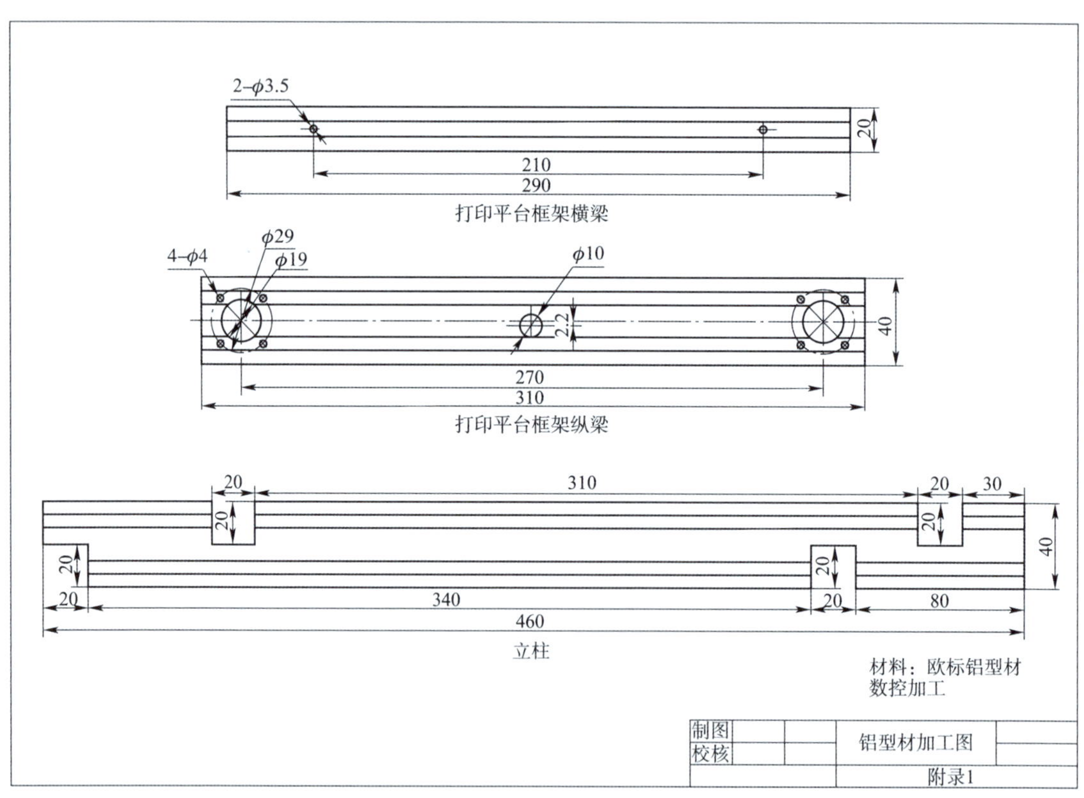

附录 2

φ3
5
4-M4
10
2
2-φ15H7
2-φ2通
沉孔φ4深2
6-φ3
φ16+0.10 +0.05
φ25
R4
20
9.5
5
25
52
71
33
52 ± 0.02
5
25
38
48
15.5 ± 0.02
材料：铝合金2A12
数控加工
制图
校核
打印头滑块
附录2

附录 3

φ19+0.021 0
11.5 ± 0.02
2-φ8H7
2-M4
52 ± 0.02
64
52
44
6
5
40
2-M4
27 ± 0.02
33
11.5
11.5
26
M5
5
材料：铝合金2A12
数控加工
制图
校核
前滑块
附录3

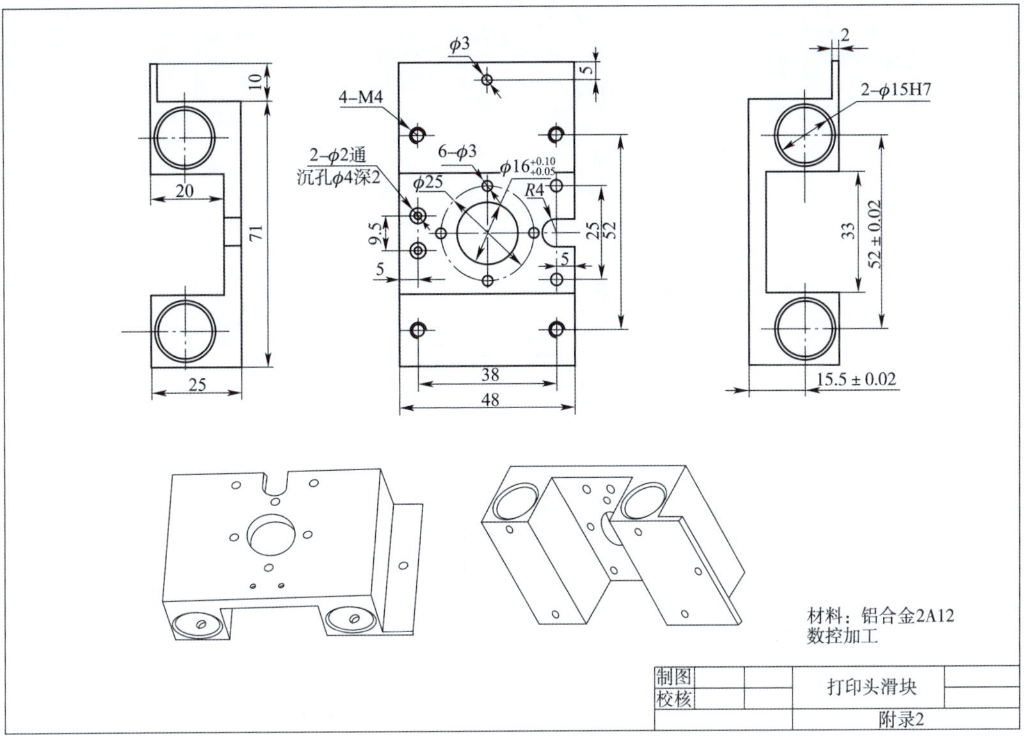

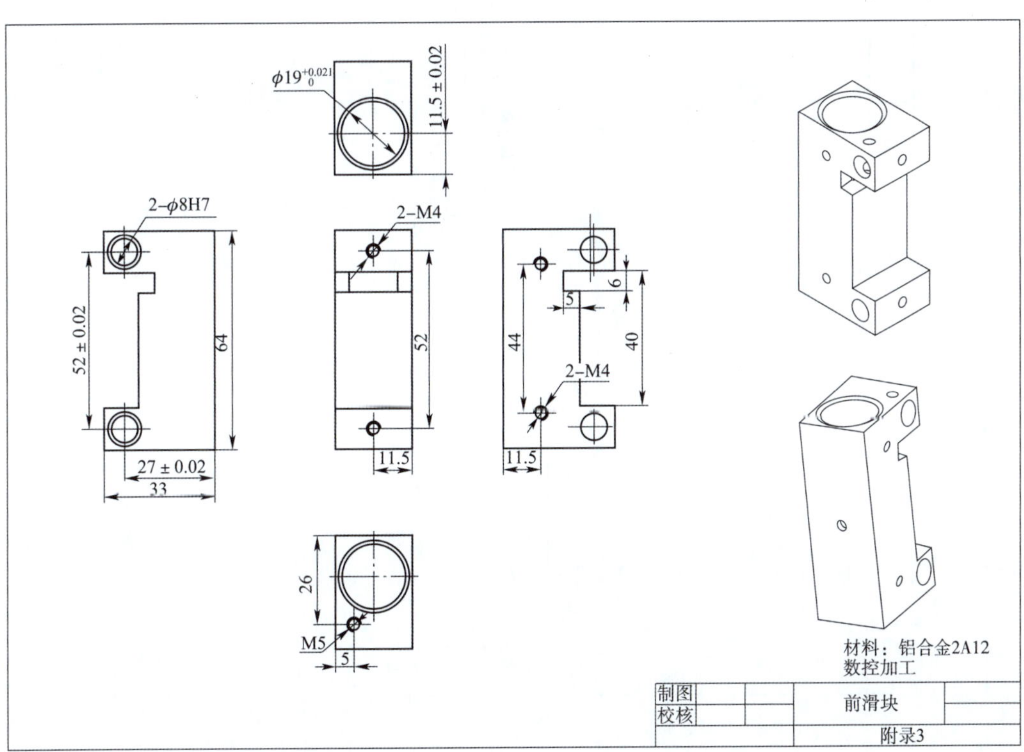

附录 4

11.5
12
32
M4
23
52 ± 0.02
2–φ8H7
2–M4
11.5
27 ± 0.02
33
44
64
32.65
26
15.5
R11
φ19 +0.021 0
31
2–φ3通
沉孔φ6深8
10×45°
11.5 ± 0.02
40
11.5
6
2–M4
6
65
材料：铝合金2A12
数控加工
制图
校核
后滑块
附录4

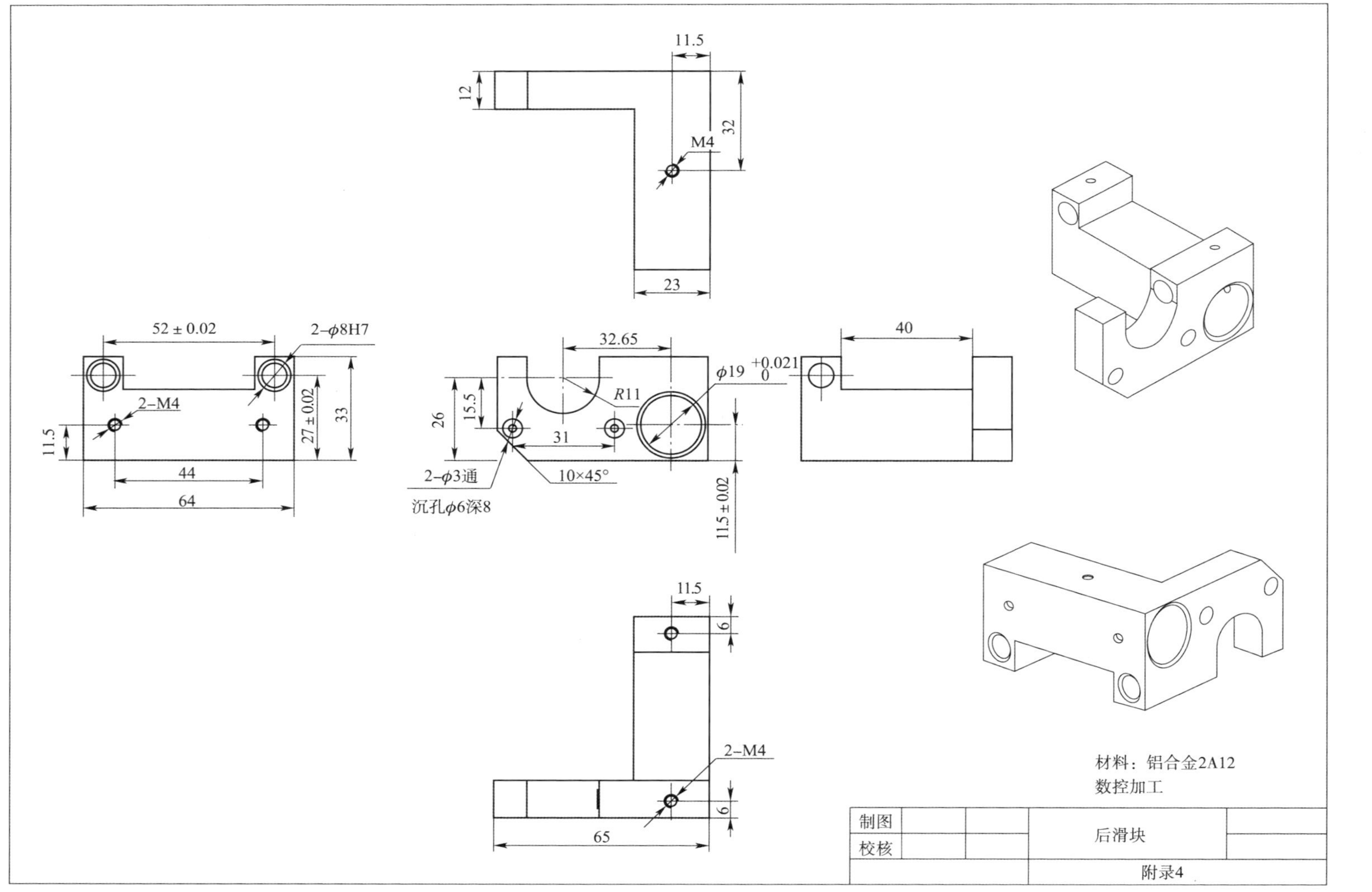

附录 5

5
50
50
5
4−ϕ3.5
ϕ22
31
11.5
31
84
2−R3
22
25
10
材料：50×50角铝
数控加工
制图
校核
X轴电动机座
附录5

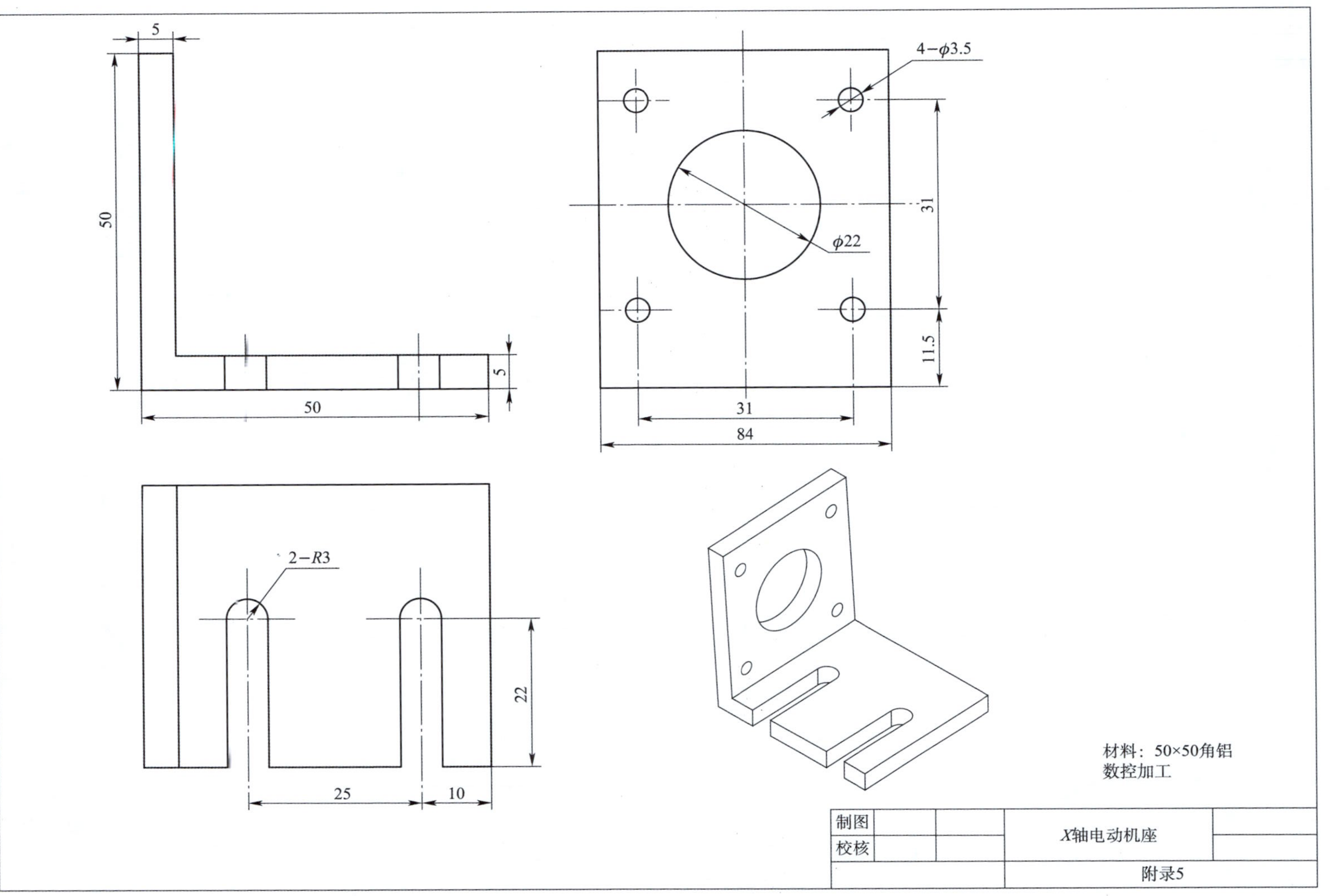

附录 6

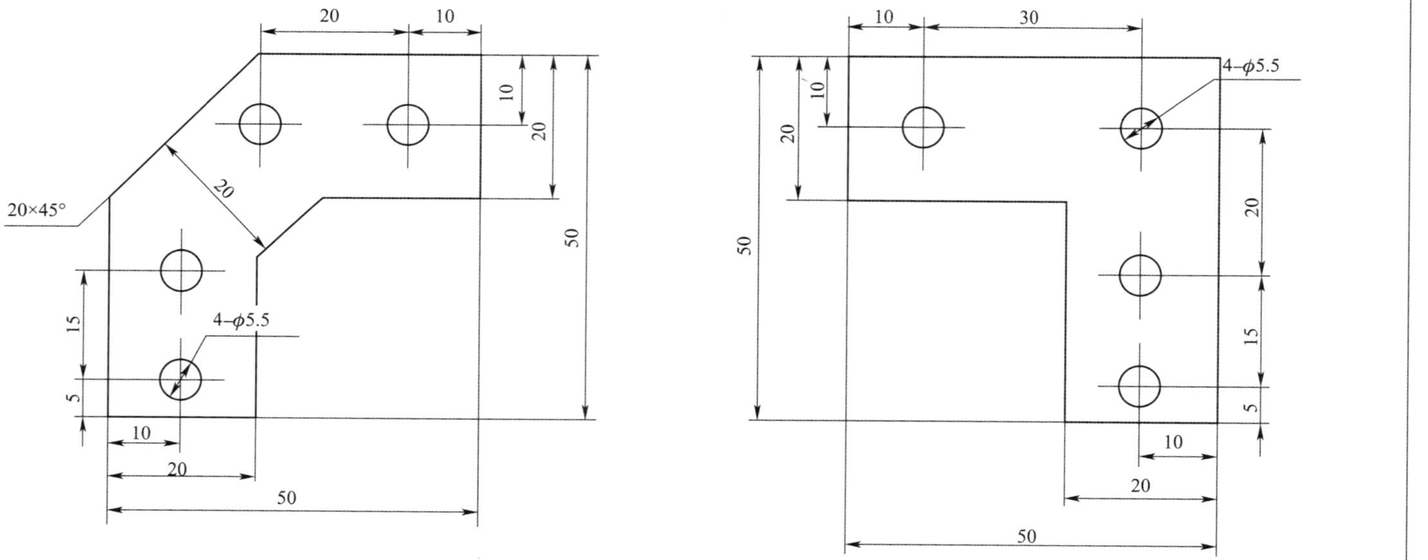

材料：1.5mm不锈钢
激光雕刻

制图			连接件
校核			附录6

附录 7

4−ϕ3.5
R3
R3
26
ϕ22
31
42
15
15.5
5.5
31
62
5
材料：5mm铝排
数控加工
制图
校核
z轴电动机座
附录7

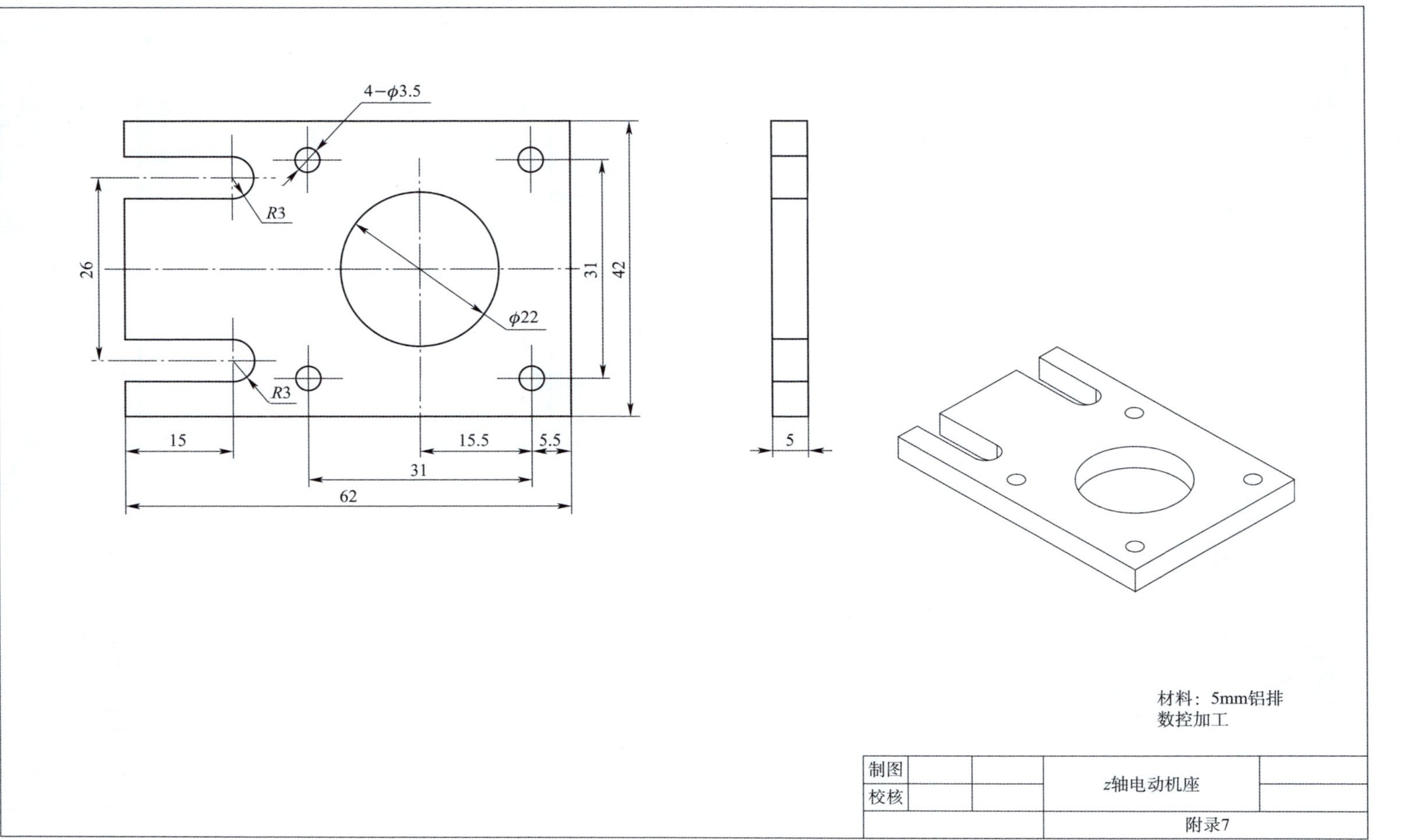

附录 8

234.43
210
210
330
25
制图
校核
平台框架尺寸图
附录8

附录 9

6-φ5.5
20
20
43
70
260
300
390
410
材料：5mm环氧板
数控雕铣加工
制图
校核
环氧板
附录9

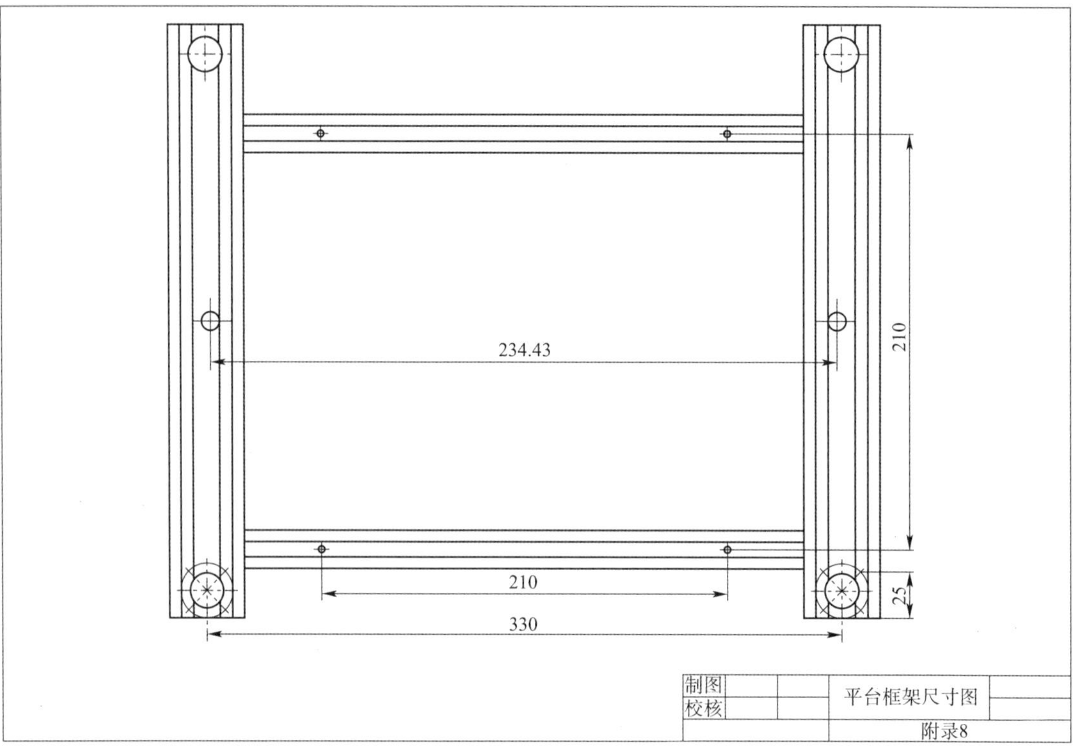

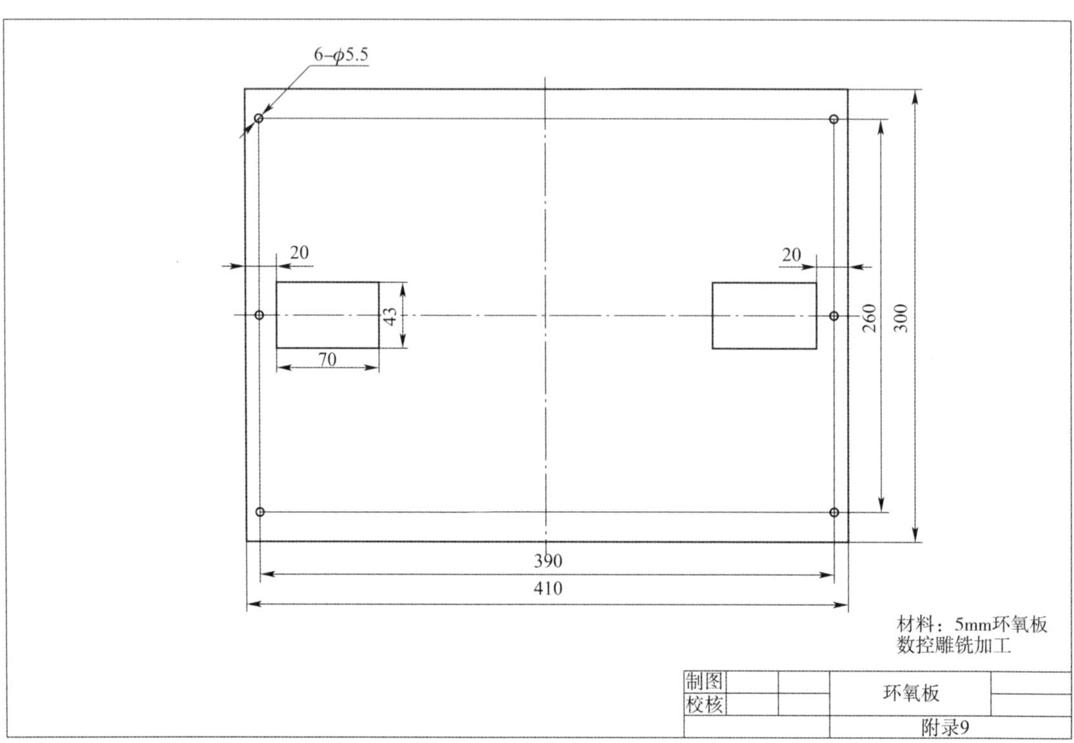

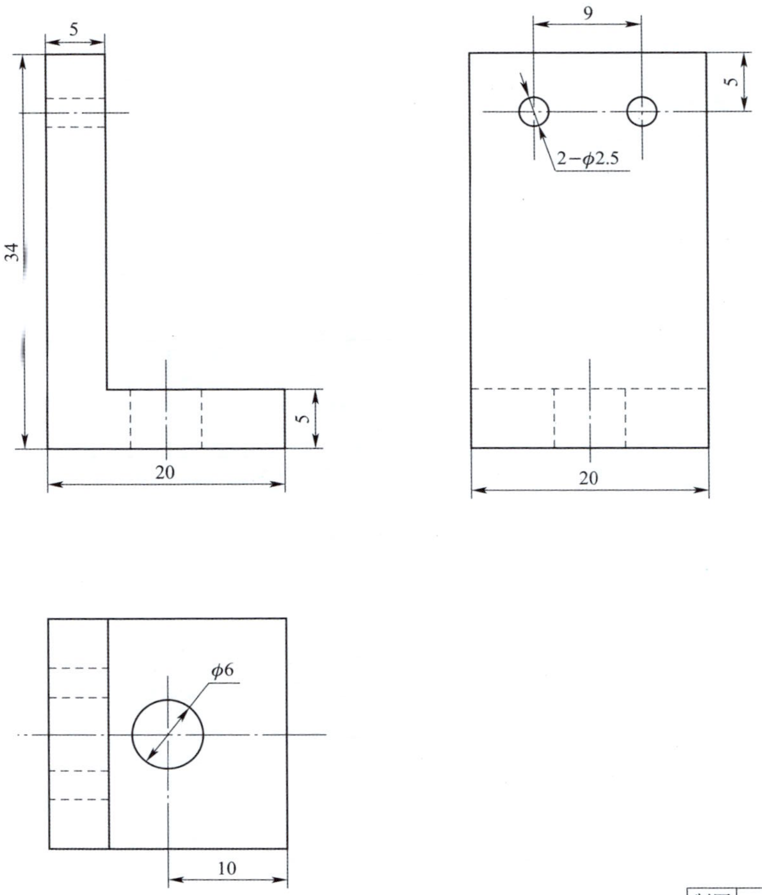

附录 10

5

34

5

20

9

5

2−ϕ2.5

20

ϕ6

10

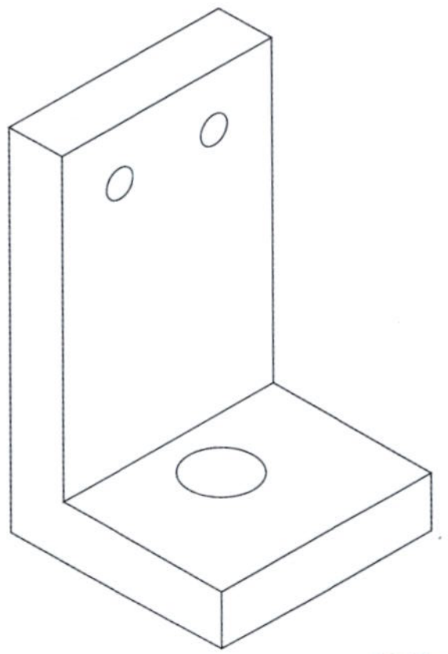

材料:ABS塑料
3D打印机打印

制图			z轴回零支架	
校核				
			附录10	

附录 11

85
5
φ6
10
20
2−φ6
2−φ2.5
9
15
10
20
40
40
5
材料：ABS塑料
3D打印机打印
制图
校核
x轴回零支架
附录11

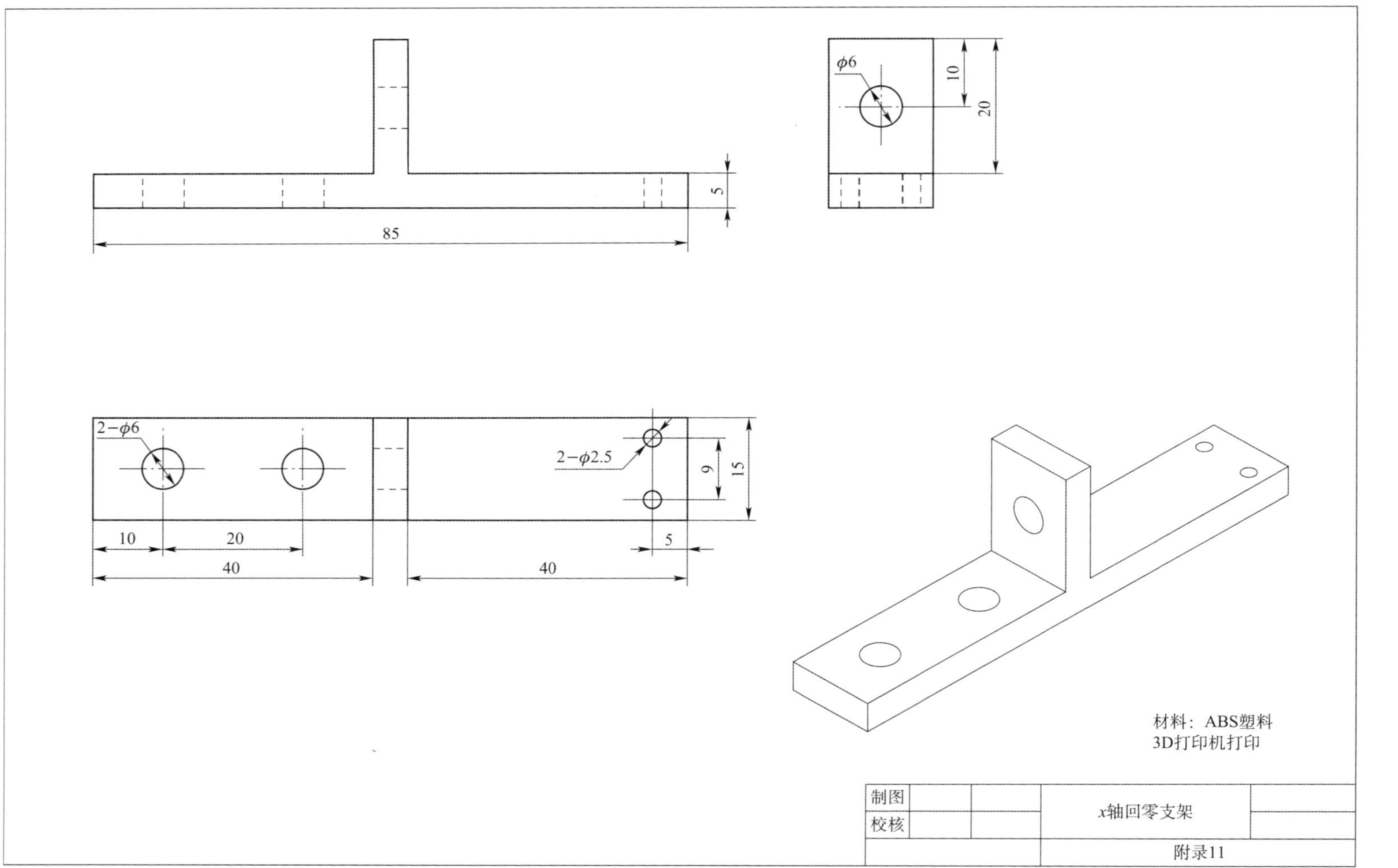

附录 12

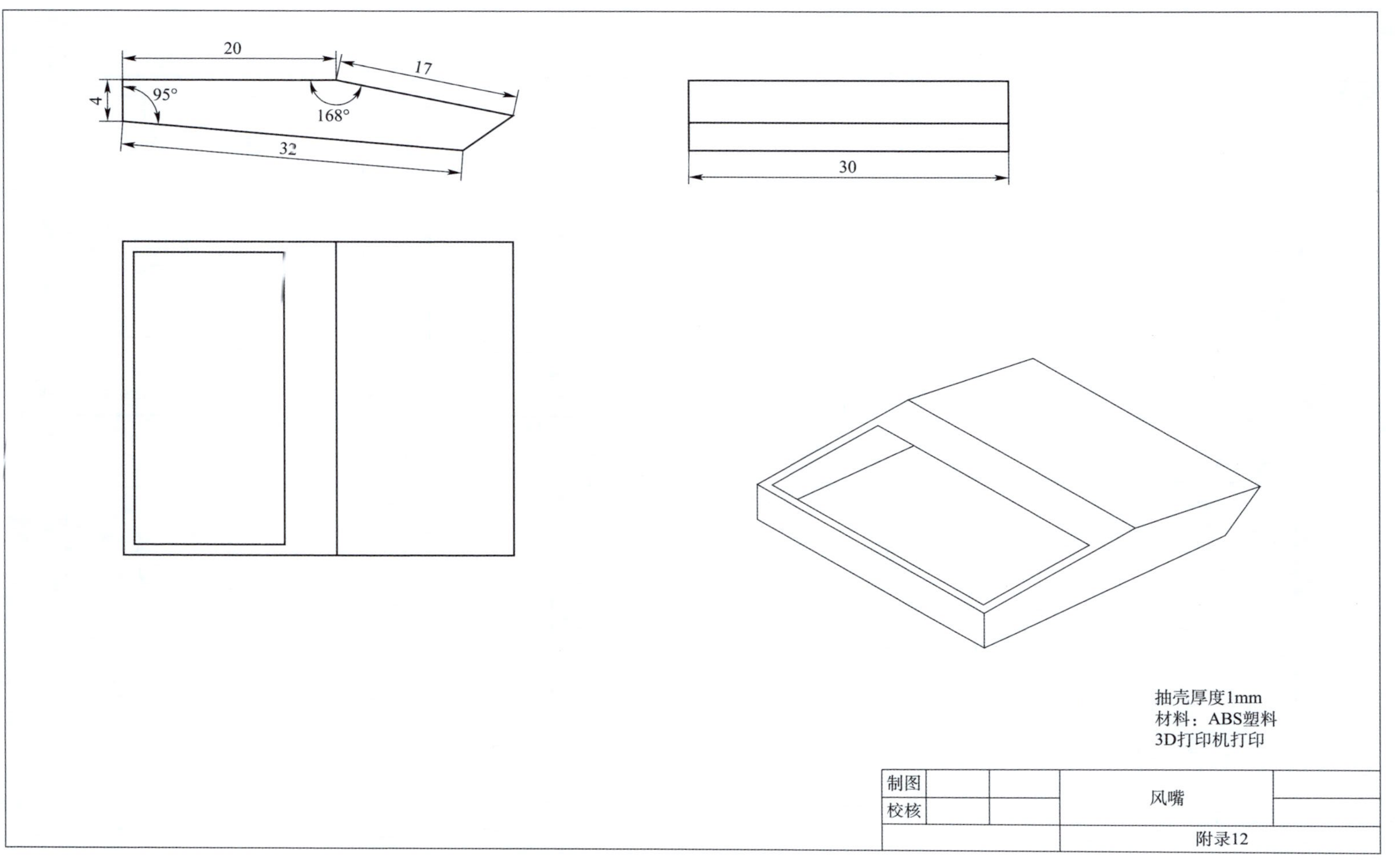

附录 13

底部左面板
底部右面板
上面板
右面板
左面板
前面板
后面板
材料：5mm黑色亚克力板
激光切割
制图
校核
外壳
附录13

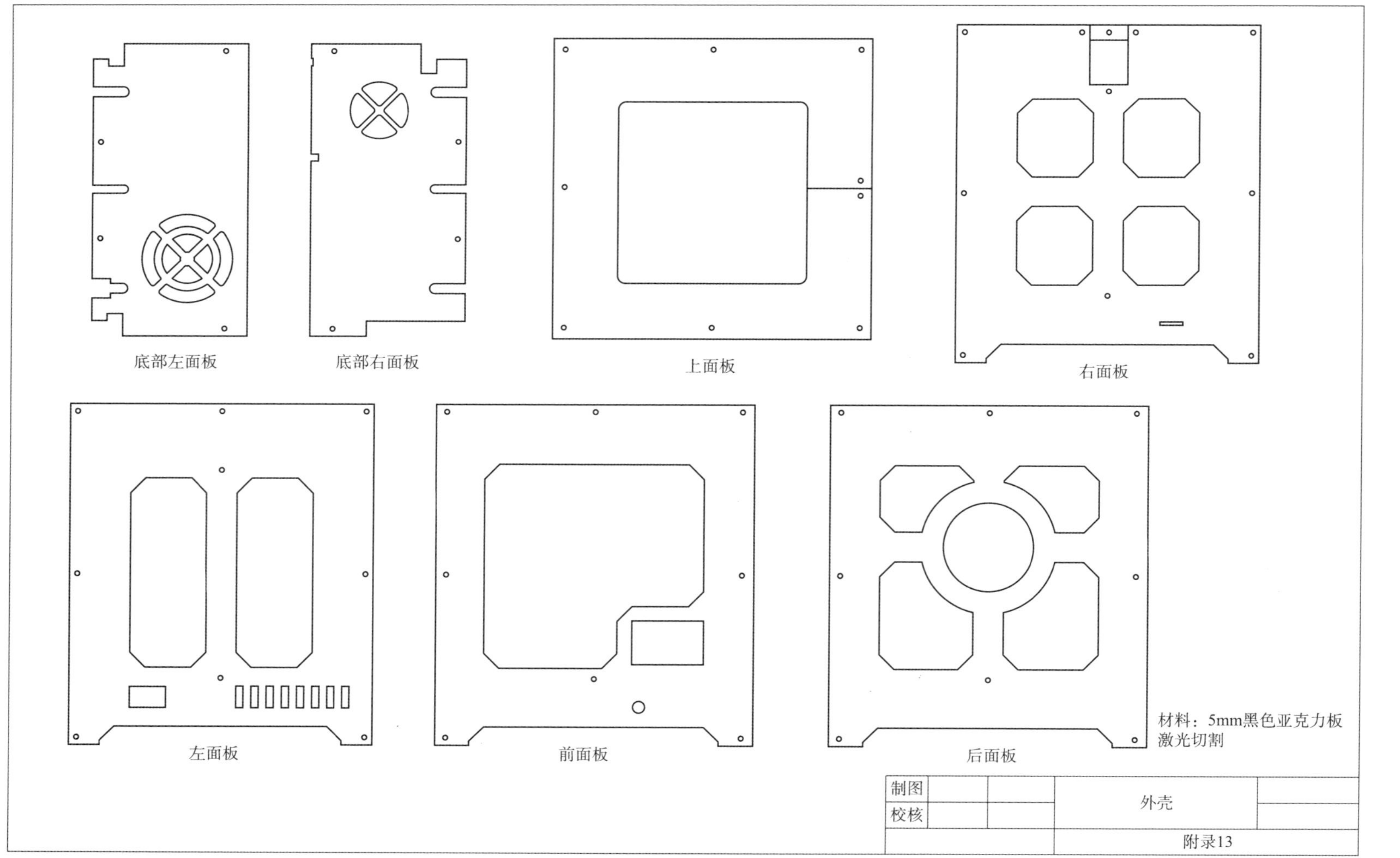

附录 14

5
30
36
6–R3
A
A
5
5.5
50
A—A
10
5
R25
20
15.5
5
60.5
材料：ABS塑料
3D打印机打印
制图
校核
耗材挂架
附录14

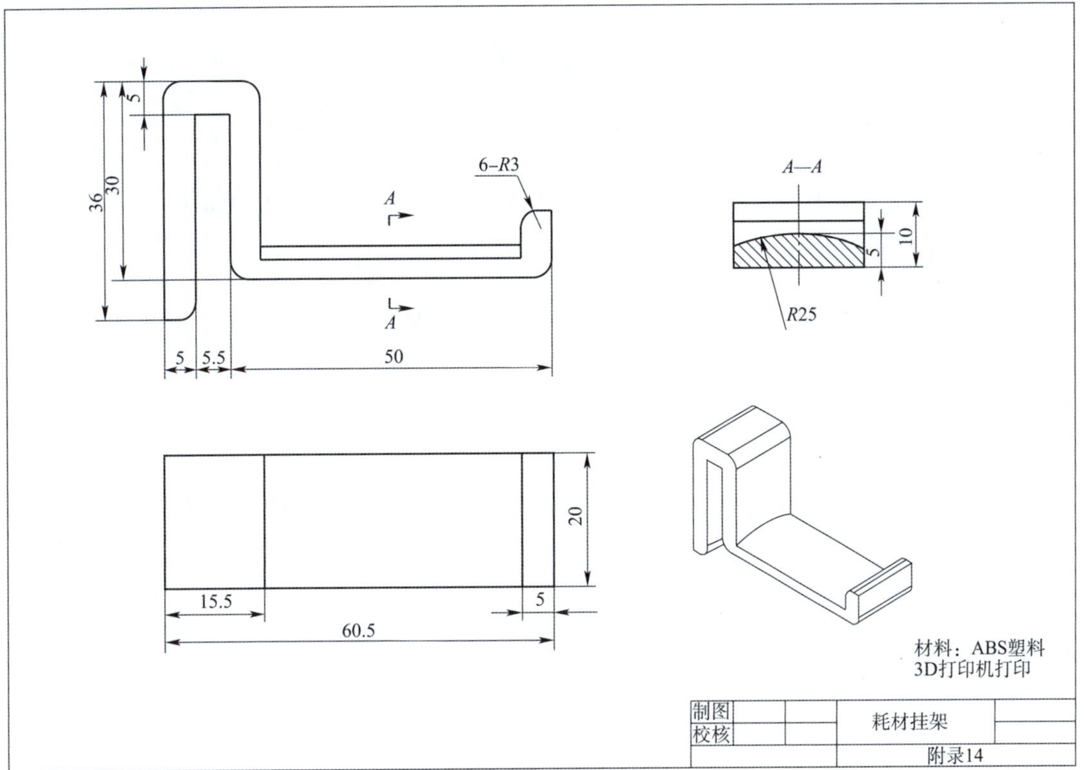

参 考 文 献

［1］周伟民，黄萍 . 3D 打印智造梦工厂 [M]. 上海：上海科学普及出版社，2018.

［2］(美) 利普森，(美) 库日曼 . 3D 打印从想象到现实 [M]. 北京：中信出版社，2013.

［3］史玉升 . 3D 打印材料 [M]. 武汉：华中科技大学出版社，2019.

［4］吕晓冬，李锋 . 手把手教你玩转桌面 3D 打印机 [M]. 北京：化学工业出版社，2017.

［5］杨伟群 . 3D 设计与 3D 打印 [M]. 北京：清华大学出版社，2015.

［6］(美) 查尔斯 · 贝尔 . 3D 打印实用手册 [M]. 北京：人民邮电出版社，2018.

［7］王广春 . 3D 打印技术及应用实例 [M]. 北京：机械工业出版社，2016.